CLAUSTHALER TEKTONISCHE HEFTE

Herausgeber:

o. Professor Dr. Andreas Pilger

Redaktion:

Universitätsdozent Dr. Horst Quade

Anschrift:

Geologisches Institut
der Technischen Universität Clausthal

D–3392 CLAUSTHAL-ZELLERFELD
Leibnizstraße

Einführung
in die
tektonischen Arbeitsmethoden

— Schichtenlagerung und bruchlose Verformung —

von

H. FLICK, H. QUADE & G.-A. STACHE

mit Beiträgen von F. W. WELLMER

96 Seiten, 54 Abbildungen und 2 Tabellen

1972

ISBN 978-3-540-62816-3   ISBN 978-3-642-48796-5 (eBook)
DOI 10.1007/978-3-642-48796-5

Vorwort

Im Februar 1958 erschien das erste Heft der Clausthaler Tektonischen Hefte unter dem Titel "Einige Grundlagen der Tektonik I". Grundlagen II wurden im Heft 3 vermittelt. In stofflich und zeitlich zwangloser Folge sind bislang 11 Hefte der CTH erschienen.

Im Vorwort zur ersten Auflage des Heftes 1 der CTH wird darauf verwiesen, daß die Clausthaler Tektonischen Hefte in erster Linie für den geowissenschaftlichen Lehrbetrieb an der Hochschule gedacht sind und dem Studenten im Haupt- und Nebenfach als Ergänzung für den in tektonischen Vorlesungen und Übungen gebrachten Stoff dienen sollen. Darüber hinaus sollten die CTH dem in Wissenschaft und Praxis tätigen Kreis, der mit tektonischen Fragen in Berührung kommt, Grundlagen und Übersicht auf diesem Gebiet vermitteln. Es ergab sich dabei, daß Hefte methodischen Inhaltes, sowohl aus Bereichen der Tektonik, als auch aus solchen, die als Voraussetzung für tektonisches Arbeiten gelten können, besonderen Anklang fanden.

Das Clausthaler Tektonische Heft 1: R.ADLER, W.FENCHEL, W. HANNAK, P.HOYER und A.PILGER "Einige Grundlagen der Tektonik I erschien in mehreren Auflagen bzw. Nachdrucken. Zugleich wurde durch dieses Heft der Typ der Clausthaler Tektonischen Hefte festgelegt. Im Laufe der Jahre zeigte sich aber zunehmend, daß Stoff und Darstellungsart grundsätzlich überarbeitet und vor allem auch modernen Ansprüchen der Didaktik angepaßt werden mußten. Da die bisherigen Autoren anderweitig zu sehr belastet waren, übernahm in deren Einvernehmen eine andere Arbeitsgruppe die Neufassung. Um die einheitliche Darstellung des Stoffes zu gewährleisten, wurde statt der Umarbeitung des Heftes 1 eine vollständige Neubearbeitung geplant. Nach wie vor sollte dieses Heft aber dem Rahmen der CTH angepaßt bleiben und den Lehrstoff für die Einführung in die Tektonik bringen.

Die Autoren haben sich dabei verstärkt auf moderne Forderungen
beim Unterrichtsbetrieb eingestellt, was schon aus dem ver-
änderten Titel zu ersehen ist. Der für die Einführung in die
Arbeitsmethoden der Tektonik notwendige Stoff wurde erneut
durchgearbeitet, alle Abbildungen und Diagramme wurden neu
entworfen bzw. durchkonstruiert. Die Kapitel bauen in ihrer
Folge logisch aufeinander auf, der Text ist weitgehend auf
die Abbildungen bezogen und so vereinfacht dargestellt, daß
der Student jeweils vor einer Übungsstunde ein Kapitel durch-
arbeiten kann, um in ihr dann darauf aufzubauen. Unter den
dargestellten Gesichtspunkten beabsichtigen Verlag und Herausgeber, das Heft 1 der CTH nicht weiterzuführen, sondern den
für Anfänger in der Tektonik notwendigen Stoff in einem Heft
12 der CTH "Einführung in die tektonischen Arbeitsmethoden -
Schichtenlagerung und bruchlose Verformung" herauszugeben.
Die Fortsetzung mit der Abhandlung über die tektonischen
Trennflächen erfolgt nach wie vor im Heft 3.

                         A. Pilger

1.   Einleitung

Die Tektonik ist ein Teilgebiet der Geologie und befaßt sich
mit der Struktur der Gesteinskörper. Sie beschreibt ihre Erscheinungsformen und bemüht sich um eine Deutung der Ursachen
und Vorgänge ihrer Entstehung.

In den Gesteinskörpern haben sich durch die mechanische Beanspruchung als Folge von Bewegungen in der Erdkruste und im
oberen Erdmantel Strukturmerkmale ausgeprägt, die u.a. als
Faltung oder Verbiegung (bruchlose Verformung), in der Aus-
prägung von Klüften, Störungen, z.B. Überschiebungen, (bruch-
hafte Verformung) oder in der Einregelung von Mineralen sichtbar werden. Die Erfassung und Beschreibung dieser Merkmale
ist Inhalt der tektonischen Analyse. Die qualitative Beschreibung von Strukturformen, die Bestimmung ihrer Raumlage durch
Messung der Flächen und die Ermittlung der Geometrie eines
Gesteinskörpers sind ebenso Bestandteil der tektonischen Analyse wie die statistische Erfassung der Variationsbreite
(Streuung) der räumlichen Anordnung struktureller Merkmale
(vgl. Clausthaler Tektonische Hefte 2 und 4). Sie kann in
strukturellen Vergleichen von Kontinentalmassen, Ozeanräumen
oder Gebirgseinheiten bestehen (Globaltektonik), kann sich auf
die exakte Aufnahme flächiger und linearer Elemente einer
Falte, eines Magmen- oder Metamorphit-Komplexes beschränken
(Makrotektonik) oder kann die Ermittlung des Verhältnisses
zwischen Deformation und Kristallisation in einem Gesteins-
dünnschliff anstreben (Mikrotektonik). Das Verfahren der tektonischen Analyse wird durch die Dimension des Untersuchungs-
objektes, die Beobachtbarkeit seiner Strukturmerkmale und
die Zielrichtung der geologischen Fragestellung bestimmt.

Bei der zeichnerischen Darstellung der Raumlage tektonischer
Elemente eines Gesteinskörpers ergibt sich das Problem, räumliche (dreidimensionale) Flächen- und Linear-Beziehungen zwei-
dimensional (d.h. in einer Projektions- und Zeichenebene) ab-
zubilden.

- Die gebräuchlichste Darstellungsart ist die der <u>geologischen Karte</u>, die die Lage geologischer Körper durch ihre Ausbisse an der Erdoberfläche oder in einer bestimmten Schnittebene wiedergibt. Die stratigraphischen und petrographischen Einheiten, nach denen der geologische Körper gegliedert ist, werden darin durch Farben oder Signaturen kenntlich gemacht. Der geologischen Karte liegt die topographische Karte zugrunde (z.B. Meßtischblatt im Maßstab 1:25 000). Aus der Lage der dargestellten Flächenausbisse zu den Höhenlinien der Karte lassen sich Rückschlüsse auf die tektonische Struktur des Gebietes ziehen.

- Die im Bergbau verwendeten <u>Risse</u> (ebenso die <u>Katasterkarten</u>) bilden im Unterschied zur topographischen Karte, in der gewisse Details (z.B. Straßen, Flüsse) unmaßstäblich erscheinen, sämtliche Einzelheiten maßstabsgerecht ab und können daher als Grundlage detaillierter geologischer Spezialkarten dienen. Neben den Sonderrissen, die durch Höhenlinien die Geländemorphologie kennzeichnen, sind vor allem <u>Horizontalrisse</u> (z.B. Sohlenrisse) gebräuchlich, die ein bestimmtes Höhenniveau oder eine (Abbau- oder Förder-) Sohle mit der Verlauf der Strecken und Abbaue zumeist im Maßstab 1:500 bzw. 1:1000 darstellen. Eine Serie übereinanderliegender Horizontalrisse mit den Eintragungen der Strukturausbisse auf dem jeweiligen Niveau vermittelt einen Eindruck von der Veränderung der Lagerungsverhältnisse von Horizontalschnitt zu Horizontalschnitt.

Vertikale Schnitte (<u>Profile</u> und <u>Saigerrisse</u>) ermöglichen eine ergänzende Veranschaulichung der Lagerung und Struktur des Gesteinskörpers innerhalb dieser Schnittebene.

Durch eine Kombination von Karten und Profil bzw. von Horizontal- und Saigerriß entsteht das <u>Blockbild</u>, das durch seine perspektivische Anlage einen räumlichen Eindruck vermittelt. Dabei sind die Seitenflächen Profilebenen; die Blockbild-Oberfläche kann das Relief schematisch wiedergeben oder einem Horizontalschnitt entsprechen.

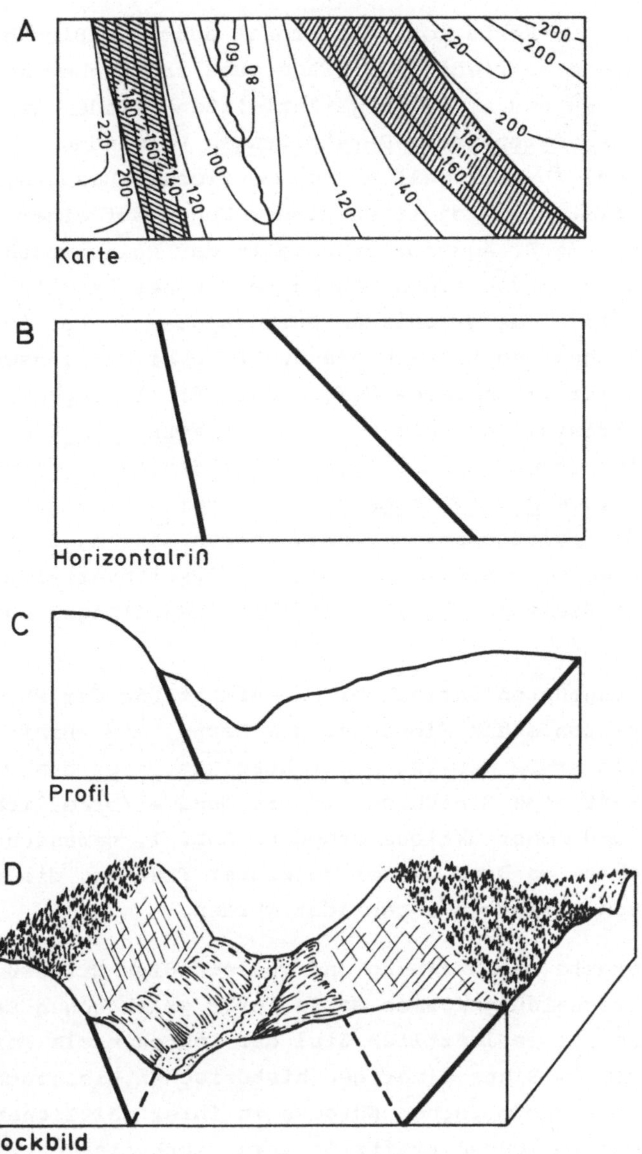

Abb. 1 Darstellung zweier geneigter Flächen in Karte (A), Horizontalriß (B), Profil (C) und Blockbild (D)

- Da weder die Karte noch das Profil oder das Blockbild eine
  ausreichend befriedigende Wiedergabe räumlicher Anordnungen
  von Flächen und Linearen gewährleisten, finden in der Tektonik <u>stereographische Darstellungen</u> Verwendung, bei denen
  eine Kugel (Lagenkugel) als geometrisches Bezugssystem benutzt wird. Die Projektion dieser Kugel auf einer definier-
  ten Ebene (z.B. Äquatorialebene in der Polarprojektion oder
  ein Schnitt durch einen Längengrad in der Azimutalprojektion) stellt das graphische Bezugssystem (Netz) dar, in dem
  sich Flächen und Lineare als Punkte abbilden lassen (vgl.
  Clausthaler Tektonische Hefte, Heft 4). Im Gegensatz zu dem
  in der Kristallographie verwendeten <u>WULFF'schen Netz</u>, das
  eine winkeltreue Azimutalprojektion darstellt, bietet das
  flächentreue <u>SCHMIDT'sche Netz</u>, in dem Winkel durch einfache Manipulationen abgelesen werden können, für tektonische Zwecke den Vorteil, die Häufigkeitsverteilung einge-
  tragener Elemente für statistische Auswertungen nutzen zu
  können.

- Da dem ungeübten Betrachter die Ermittlung der Raumlage
  eines tektonischen Elementes aus Karte, Riß, Profil und
  Blockbild große Schwierigkeit bereitet, gibt das vorlie-
  gende Heft eine Einführung in die dazu erforderlichen Ar-
  beits- und Konstruktionsmethoden. Abb. 1. veranschaulicht
  das Problem an Hand zweier geneigter Flächen, die nach den
  genannten Verfahren abgebildet wurden.

Über die exakte Beschreibung und vollständige Erfassung struktureller Erscheinungsformen sowie ihrer graphischen Darstellung hinaus ist es letztlich Ziel der Tektonik als Teilgebiet
der Geologie im Sinne einer geo-historischen Wissenschaft, die
<u>Formung</u> eines geologischen Körpers in ihrer <u>zeitlichen Entwick-
lung</u> und die formenden Kräfte in ihrer <u>mechanischen Wirkung</u>
zu ermitteln, um so zu Aussagen über die <u>Ursachen tektonischer
Prozesse</u> zu gelangen.

2. Die meßbaren tektonischen Elemente

Zur Beschreibung geologischer Körper und Strukturen werden
die flächigen und linearen Elemente dargestellt. Ihre Entstehung läßt sich auf sedimentäre, diagenetische, magmatische, metamorphe und tektonische Vorgänge zurückführen.

- **Sedimentäre Vorgänge** sind Prozesse an der Erdoberfläche,
  die auf den Teilprozessen Verwitterung, Abtragung, Transport und Ablagerung beruhen.

- **Diagenetische Vorgänge** sind Prozesse an der Erdoberfläche und in geringer Erdtiefe, die auf ein Sedimentge-
  stein nach seiner Ablagerung einwirken. Sie beinhalten
  Entwässerung, Sackung (Kompaktion) und Verfestigung,
  sowie Um- und Neubildung von Mineralien.

- **Magmatische Vorgänge** sind Prozesse, bei denen durch Ab-
  kühlung und Erstarrung einer silikatischen Schmelze
  (Magma) an der Erdoberfläche oder in geringer Tiefe vul-
  kanische Gesteine (z.B. Basalt), in größerer Tiefe plu-
  tonische Gesteine (z.B. Granit) sowie Ganggesteine gebildet werden.

- **Metamorphe Vorgänge** sind Gesteinsumwandlungen in Mineral-
  bestand und Gefüge, die sich durch veränderte physikali-
  sche (Druck und Temperatur) und chemische Bedingungen
  in überwiegend festem Zustand vollziehen, wie sie außer-
  halb des Bereiches sedimentärer und diagenetischer Prozesse in der Erde gegeben sind.

- **Tektonische Vorgänge** sind Prozesse der mechanischen Beanspruchung von Gesteinskörpern (durch Druck oder Zug),
  die sich in Verformung, wie z.B. Verbiegung und Bruch-
  bildung äußern.

2.1 Flächige Elemente

1) **Schichtflächen:** Schichtungsparallele Trennflächen in
   Sedimentgesteinen (vgl. Kap. 4)

2) **Diskontinuitätsflächen:** Trennflächen zwischen Gesteinskörpern, die eine zeitliche Lücke andeuten und auf sedimentäre, magmatische, metamorphe und tektonische Vorgänge zurückzuführen sind (vgl. Kap. 5)

3) **Schräg- (Kreuz-) Schichtungsflächen:** Bogige Flächen
   innerhalb einer Sedimentlage, bei stärkeren Strömungen
   entstanden

4) <u>Bankungsflächen:</u> Flächige Absonderungen im Magmatiten
   und Metamorphiten als Resultat von Kristalleinregelun-
   gen

5) <u>Kluftflächen:</u> Trennflächen im Gestein, entstanden durch
   tektonische Verformung, diagenetische Setzung oder Ab-
   kühlung (Kontraktion) von Magmatiten und Metamorphiten.
   Nach ihrer Lage zur Gesamtstruktur des geologischen
   Körpers lassen sich die Klüfte in Längs-, Quer-, Lager-
   und Diagonalklüfte einteilen

6) <u>Störungs- (Verwerfungs-) Flächen:</u> Tektonische Trennflä-
   chen, an denen sich Gesteinskörper verschoben haben.
   Nach Art der Relativbewegung lassen sich die Störungen
   3 Grundtypen zuordnen:
   - Auf- und Überschiebungen (einengend, vgl. Abb. 2A)
   - Abschiebungen (dehnend, vgl. Abb. 2B)
   - Blattverschiebungen (horizontal versetzend, vgl.
     Abb. 2C)

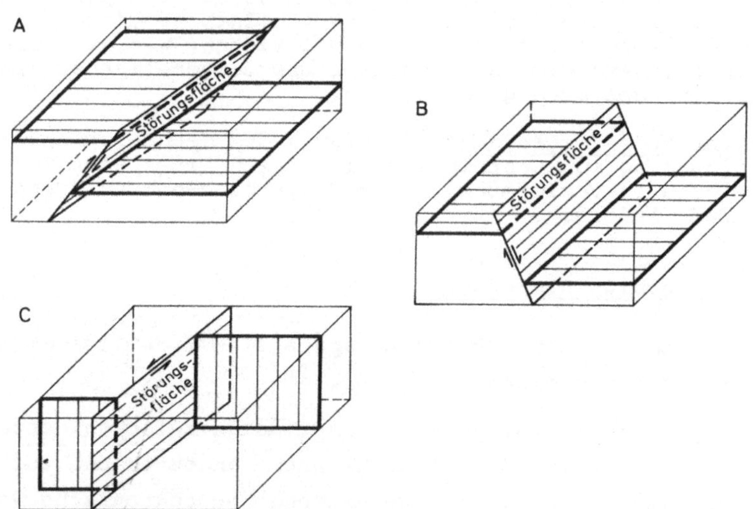

<u>Abb. 2</u>   Störungen; (A) Aufschiebung, (B) Abschiebung,
          (C) Blattverschiebung

7) <u>Schieferungsflächen</u>: Engständige, parallele oder fächer-
förmige Trennflächen in deformierten Gesteinskörpern,
auf denen geringe Bewegungen, Lösungsvorgänge, Mineralum-
kristallisationen und Mineralneubildungen auftreten.
Dabei werden die tektonischen Vorgänge (engl. slaty
cleavage) von den metamorphen Vorgängen (engl. schisto-
sity) unterschieden

2.2 Lineare Elemente

1) Tektonische Lineare:

- <u>Kreuzlinie</u>: Schnittkante zweier Flächen

- <u>Faltenachse</u>: Verbindungslinie der Punkte stärkster
  Krümmung einer gebogenen Schicht (selten direkt
  meßbar)

- <u>Sattelfirst</u>: Verbindungslinie der höchsten Punktlagen einer gebogenen Schicht

- <u>Runzelung (Knitterung)</u>: Kleinstfalten in Millimeter-
  größe, hauptsächlich in leicht metamorphen Gesteinen

- <u>Harnisch (Rutschstreifen)</u>: Bewegungsspuren auf Störungsflächen

- Gestreckte deformierte Gerölle

2) Sedimentäre Marken:

- <u>Strömungsfurchen</u>: Langgezogene Spuren auf Schichtflächen, die beim Transport größerer Partikel (Gerölle, Pflanzen, Tiergehäuse oder Kadaver) durch
  starke Strömungen entstehen

- <u>Rippelmarken</u>: Gewellte Oberflächenformen eines Sedi-
  mentes, die durch Wind, bzw. Strömungen oder Wellen-
  bewegungen im Wasser hervorgerufen werden

- <u>Gletscherschrammen</u>: Furchen auf Gesteinsoberflächen,
  die beim Fließen von Eismassen entstehen

3) Lineare in Magmatiten:

- Eingeregelte langgestreckte Kristalle (ebenso in
  Metamorphiten)

- Oberflächenformen bei vulkanischen Gesteinen, die
  bei Fließbewegungen gebildet werden

- <u>Blasenzüge:</u> Lineare Anordnung von Gasblasen in vulkanischen Gesteinen

2.3   <u>Die räumliche Festlegung flächiger Elemente</u>

Grundlage für die Beschreibung tektonischer Formen ist das
Einmessen von Flächen und Linearen. Die Lage einer geneigten
Fläche läßt sich eindeutig durch folgende drei Angaben fest-
legen (vgl. Abb. 3):

1) <u>Streichen</u> (oder Streichrichtung bzw. Streichwinkel):
   Unter dem Streichen versteht man den Winkel (λ) zwischen
   der Horizontalrichtung einer Fläche (Streichlinie)
   und magnetisch Nord. Jede beliebig geneigte Fläche hat
   nur eine Horizontalrichtung. Eine horizontale Fläche
   besitzt unendlich viele Horizontalenrichtungen; eine
   Angabe des Streichens ist daher in diesem Fall nicht
   möglich.

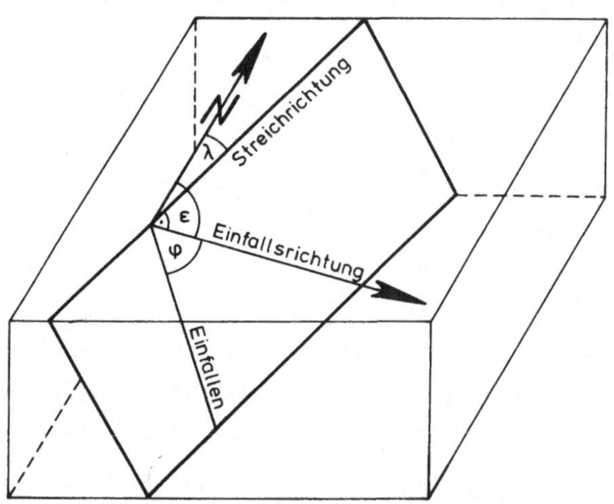

<u>Abb. 3</u>   Räumliche Festlegung flächiger Elemente

2) **Einfallen:** Das Einfallen bezeichnet den Winkel (φ) zwischen der Horizontalen und der größten Neigung der Fläche. Dieser Wert liegt **senkrecht** zur Streichrichtung.

3) **Einfallsrichtung:** Da eine Fläche bei gleichen Streich- und Einfallswerten in zwei entgegengesetzte Richtungen einfallen kann, muß die Einfallsrichtung angegeben werden. Für eine z.B. NE-SW verlaufende Fläche sind dies die Richtungen NW oder SE.

Durch die Bestimmung von Streichen, Einfallen und Einfallsrichtung ist eine Fläche eindeutig und reproduzierbar in ihrer räumlichen Lage festgelegt.

Neuerdings benutzt man - speziell für größere Meßserien - ein etwas abgewandeltes Verfahren (vgl. Kap. 3.4). Anstelle der Streichrichtung wird die Einfallsrichtung (ε) gemessen.

2.4 Die räumliche Festlegung linearer Elemente

Die räumliche Fixierung von Linearen verläuft ähnlich wie bei Flächen (vgl. Abb. 4):

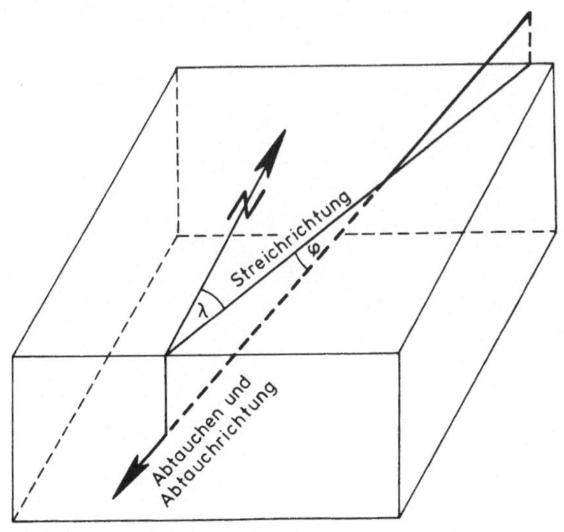

Abb. 4   Räumliche Festlegung linearer Elemente

1) <u>Streichen:</u> Das Streichen eines Linears ist der Winkel (λ)
   zwischen der Projektion des Linears auf die Horizon-
   tale und magnetisch Nord.

2) <u>Abtauchen:</u> Das Abtauchen eines Linears stellt den Winkel (φ) zwischen der Horizontalen und der größten Neigung des Linears dar. Während Streichen und Einfallen
   bei Flächen senkrecht aufeinander stehen, liegt die
   Abtauchrichtung des Linears in der Streichrichtung.
   Sie kann bei einem z.B. NE-SW-verlaufenden Linear
   NE oder SW sein. Auch hier muß also die Abtauchrichtung speziell angegeben werden.

<u>Die eindeutige räumliche Festlegung eines Linears erfolgt
durch Messung von Streichen, Abtauchwinkel und Abtauchrichtung.</u>

Wie bei den flächigen Elementen kann bei Linearen der Abtauchwinkel und die Abtauchrichtung in Grad gegen magnetisch
Nord bestimmt werden (vgl. Kap. 3.4). Auch durch diese Daten
ist ein Linear in seiner räumlichen Lage eindeutig reproduzierbar.

3.   Der Kompaß

Wie sich aus der Definition des Streichens ergibt, benutzt
man das Erdmagnetfeld als Bezugssystem für die Messungen.

Die Ursachen des Erdmagnetismus sind auch heute noch nicht
völlig geklärt. Detailliertere Messungen haben ergeben,
daß das Magnetfeld der Erde angenähert durch das Feld eines
Dipols im Erdmittelpunkt dargestellt werden kann, dessen
Achse die Erdoberfläche an den magnetischen Polen durch-
stößt. Diese liegen im arktischen Nordamerika (magnetischer
Südpol) und in der Antarktis (magnetischer Nordpol). Das
Magnetfeld soll aus elektrischen Stromsystemen resultieren,
von denen ca. 94 % im Erdkern und 6 % in der Ionosphäre
liegen.

Betrachtet man an einem Punkt der Erdoberfläche die Totalintensität des Magnetfeldes $\vec{H}$, so läßt sie sich am einfachsten durch vektorielle Zerlegung in die Horizontalkomponente H und Vertikalkomponente Z beschreiben (vgl. Abb.5).
Für Richtungsbestimmungen sind die Horizontalkomponente H
und der Winkel I (Inklination) zwischen Horizontalkomponente
und Richtung der Totalintensität zu berücksichtigen. Eine
Umrechnung auf geographisch Nord ist mit Hilfe der Dekli-
nation D (Mißweisung) möglich, jedoch nicht unbedingt erforderlich. Diese Größe, die örtliche und zeitliche Schwankungen aufweist, ist für viele Gebiete der Erde tabellarisch
erfaßt und auf den meisten Karten angegeben.

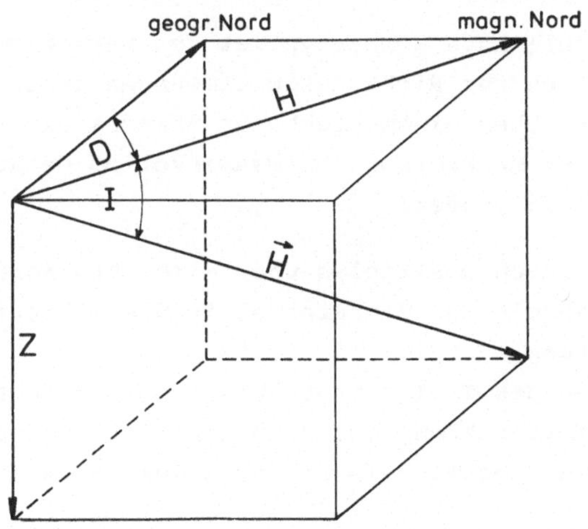

Abb. 5   Vektorielle Zerlegung der magnetischen Totalintensität

Richtungsmessungen werden im einfachsten Fall mit einem Kompaß durchgeführt.

3.1 Aufbau und Funktion des Kompasses

Im Normalfall besteht der Kompaß aus folgenden Teilen:

- Gehäuse aus nichtmagnetischem Material, dessen Längskante parallel zur N-S-Richtung der Ablesekreisteilung angeordnet ist
- Ablesekreis, der eine 360° (Grad)- oder 400^{g} (Gon = Neugrad)-Teilung besitzt
- Kompaßnadel, deren N- und S-Spitzen verschiedenfarbig markiert sind. Die Nadelempfindlichkeit muß so groß sein, daß lokale magnetische Anomalien erkennbar sind
- Ausgleichsgewicht an der Kompaßnadel zur Kompensation der Inklination
- Dämpfungsvorrichtung für die Kompaßnadel (mechanische, flüssige oder elektro-magnetische Dämpfung)
- Visiereinrichtung (Kimme und Korn) zum Anpeilen von Zielpunkten

3.2 Der Marschkompaß

Der gebräuchlichste Kompaßtyp ist der Marschkompaß. Er wird ausschließlich für Richtungsbestimmungen benutzt. Die Ablesung erfolgt über einem drehbaren Ablesekreis mit 360°-Teilung an einer Markierung (Ablesemarke) am Gehäuse. Der Meßvorgang ist folgender:

1) Anvisieren des Zieles über Kimme und Korn,
2) Einpendeln der Magnetnadel in die magnetische N-S-Richtung,
3) Drehen des Teilkreises, bis dessen Nordmarkierung mit der Nordrichtung der Magnetnadel übereinstimmt,
4) Ablesen des Winkels an der Ablesemarke.

3.3 Der Bergmanns- und Geologenkompaß

Hauptaufgabe des Kompasses in der Geologie ist die eindeutige räumliche Festlegung von Flächen und Linearen. Dafür hat sich das Kompaßsystem mit drehbarem Teilkreis als unzweckmäßig erwiesen.

3.3.1 Aufbau

Der Geologenkompaß weist gegenüber dem Marschkompaß einige Änderungen bzw. Ergänzungen auf:

- Feststehender Ablesekreis mit 360°- oder 400^{g}-Teilung (die 400^{g}-Teilung wird im Vermessungswesen benutzt), entgegen dem Uhrzeigersinn angeordnet
- Pendel (Klinometer) zur Bestimmung vertikaler Winkel
- Ablesekreis für Klinometer
- Arretiereinrichtung für die Kompaßnadel
- Einrichtung zur Deklinationskorrektur (Dadurch können die Messungen direkt auf geographisch Nord bezogen werden.)
- Libelle (Wasserwaage) zur Kontrolle der horizontalen Lage des Kompasses

Im Gegensatz zum Marschkompaß braucht beim Geologenkompaß der Ablesekreis nicht verdreht zu werden. Dieses System macht es jedoch erforderlich, daß die Gradeinteilung gegen den Uhrzeigersinn (d.h. linkssinnig) angeordnet sein muß. Mißt man z.B. eine Fläche, die mit 30° nach NE streicht (N 30° E), so würde bei einer Teilung im Uhrzeigersinn (rechtssinnig) und nicht drehbarem Teilkreis über der Nordspitze der Kompaßnadel der Wert N 30° W abgelesen werden (vgl. Abb. 6A). Den wahren Streichwert erhält man erst durch eine Spiegelung an der N-S-Ebene (N 30° E). Da durch diese Umrechnung Fehler möglich sind, wurde beim Geologenkompaß die Gradeinteilung gegen den Uhrzeigersinn angeordnet (also "E mit W vertauscht"), so daß sofort der wahre Wert abgelesen werden kann (vgl. Abb. 6B). Die Angabe der Streichwerte ist auf verschiedene Weise möglich, z.B.:

NE-SW-streichende Fläche	NW-SE-streichende Fläche
N 45° E	N 45° W
S 45° W	S 45° E
45°	135°
225°	315°

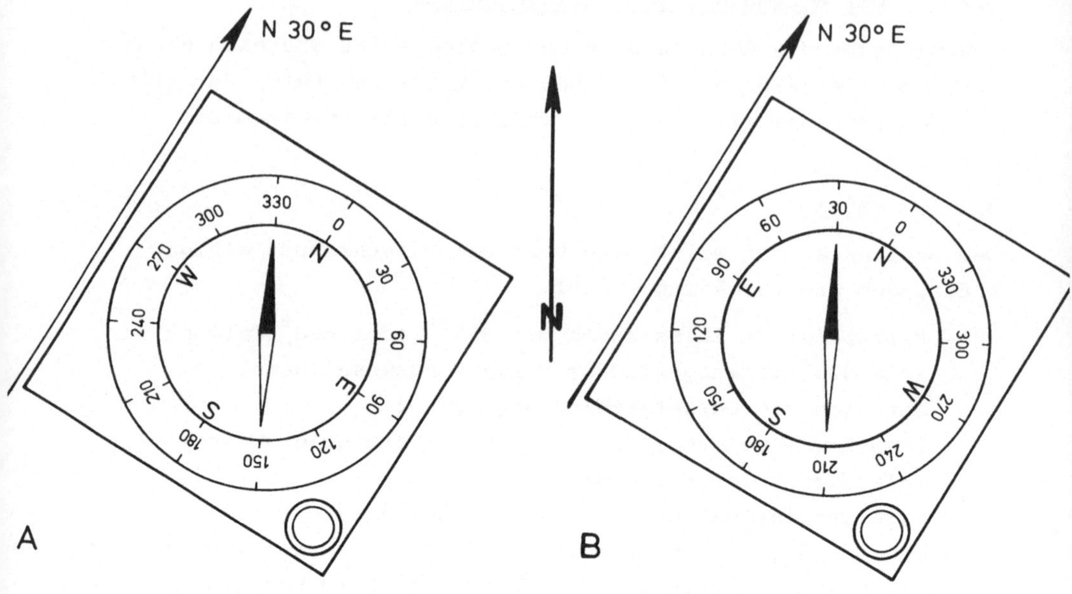

Abb. 6   **Richtungsbestimmung mit einem Kompaß bei feststehen-**
dem Ablesekreis; (A) Teilung im Uhrzeigersinn (rechtssinnig), (B) Teilung gegen den Uhrzeigersinn (linkssinnig). Erl. siehe Kap. 3.3.1

Übereinkunftsgemäß benutzt man in Europa für Streichwinkel nur
Werte zwischen 0 und 180°; N 10° E entspricht also 10°,
N 10° W entspricht 170°. Es ist in der Geologie üblich, das
Wort Osten mit E abzukürzen (nach engl. east), um eine Ver-
wechslung mit dem in romanischen Sprachen ebenfalls mit O
beginnenden Wort für Westen zu vermeiden.

3.3.2   Meßvorgang

a. Bestimmung des Streichens und Einfallens von Flächen:

1) Anlegen des Kompasses an die geneigte Fläche, und zwar
   so, daß durch die eingespielte Libelle eine waagerechte
   Lage angezeigt wird (vgl. Abb. 7A)
2) Arretieren der Kompaßnadel nach Einpendeln in die magn.
   N-S-Richtung

14

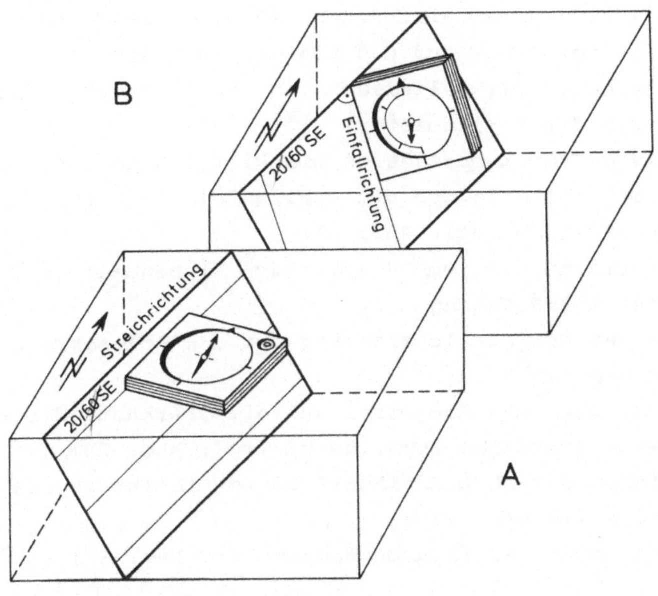

Abb. 7 Messung einer Fläche mit dem Bergmanns- bzw. Geologenkompaß; (A) Streichen, (B) Einfallen

- Die horizontalen, bzw. vertikalen Linien auf der
  Fläche sind hypothetisch und symbolisieren
  Linien des Streichens und Einfallens

3) Ablesen der Streichrichtung auf dem Ablesekreis
   (im Bsp. 20°)
4) Anlegen des Kompasses senkrecht zum Streichen (vgl.
   Abb. 7B)
5) Ablesen des Einfallswinkels am Vertikalkreis des Klino-
   meters (im Bsp. 60°)
6) Bestimmen der Einfallsrichtung (im Bsp. SE)

Die in Abb. 7 dargestellte Fläche, die mit 20° streicht und
mit 60° nach SE einfällt, hat also den Wert 20/60 SE.

b. <u>Bestimmung des Streichens und Abtauchens von Linearen</u>:

   1) Aufsetzen einer Hilfsfläche (Platte, Feldbuch, usw.)
      mit einer Kante auf das Linear (vgl. Abb. 8)

   2) Aufrichten der Hilfsfläche in die Senkrechte (Kon-
      trolle durch Klinometer)

   3) Anlegen des Kompasses an die Hilfsfläche; die einge-
      spielte Libelle muß die horizontale Lage des Kompas-
      ses anzeigen (vgl. Abb. 8A)

   4) Arretieren der Kompaßnadel nach Einpendeln in die
      magn. N-S-Richtung

   5) Ablesen der Streichrichtung auf dem Ablesekreis
      (im Bsp. 10°)

   6) Aufstellen des Kompasses auf die Oberkante der Hilfs-
      fläche (parallel zum Linear) (vgl. Abb. 8B)

   7) Ablesen des Abtauchwinkels am Vertikalkreis des Klino-
      meters (im Bsp. 23°)

   8) Bestimmung der Abtauchrichtung (im Bsp. SW)

Damit ergeben sich für das in Abb. 8 dargestellte Linear die
Daten 10/23 SW.

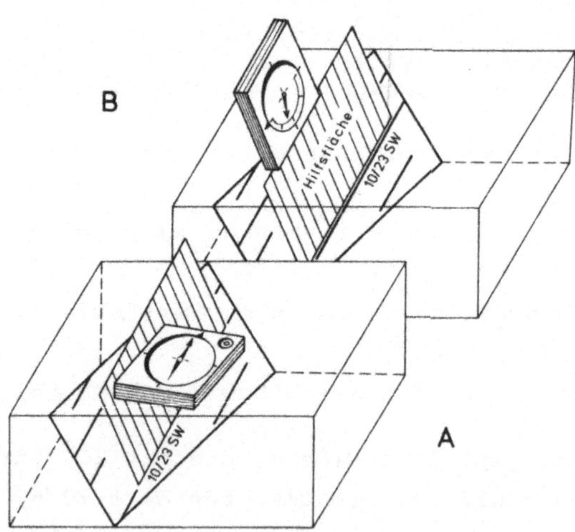

<u>Abb. 8</u>   Messung eines Linears mit dem Bergmanns- bzw. Geolo-
      genkompaß; (A) Streichen, (B) Abtauchen

3.4 Der Gefügekompaß (nach CLAR)

Der Gefügekompaß nach CLAR ist eine Neukonstruktion, die sich durch schnelle Handhabung ausweist und daher für Serienmessungen besonders geeignet ist. Im Gegensatz zum Geologenkompaß werden mit dem Gefügekompaß _in einem Meßvorgang_ die Richtung des Einfallens und der Einfallswinkel, bzw. die Richtung des Abtauchens und der Abtauchwinkel bestimmt. Mit diesen beiden Werten ist die räumliche Lage jeder geneigten Fläche, bzw. jedes Linears eindeutig festgelegt.

3.4.1 Aufbau

Zum Geologenkompaß weist der Gefügekompaß einige wesentliche Änderungen auf (vgl. Abb. 9):

- Meßplatte mit Anlegekante
- Vertikalkreis mit 5°- bzw. 5^{g}-Teilung auf einem der Achsenlager der Meßplatte
- Ablesemarke für den Vertikalkreis
- zwei Libellen.

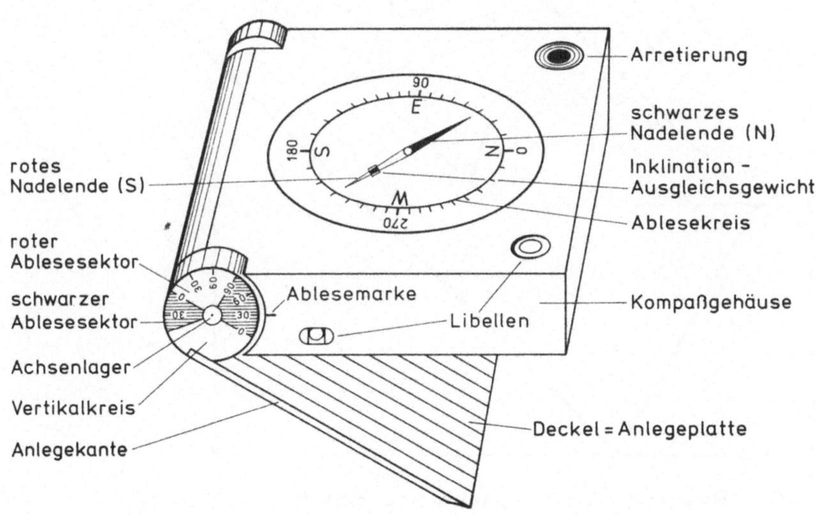

Abb. 9 Schematische Darstellung eines Gefügekompasses (nach CLAR)

a. <u>Einmessen von Flächen (vgl. Abb. 10)</u>

1) Anlegen der Meßplatte auf die Fläche; das Kompaßgehäuse muß dabei horizontal liegen (Kontrolle durch eingespielte Libellen)

2) Ablesen der Einfallsrichtung am Horizontalkreis (im Bsp. 110°)

3) Ablesen des Einfallswinkels an der Ablesemarke am Vertikalkreis (im Bsp. 60°). Das Beispiel in Abb. 10 ergibt die Werte 110/60, d.h. es stellt eine Fläche dar, die mit 60° in Richtung 110° einfällt.

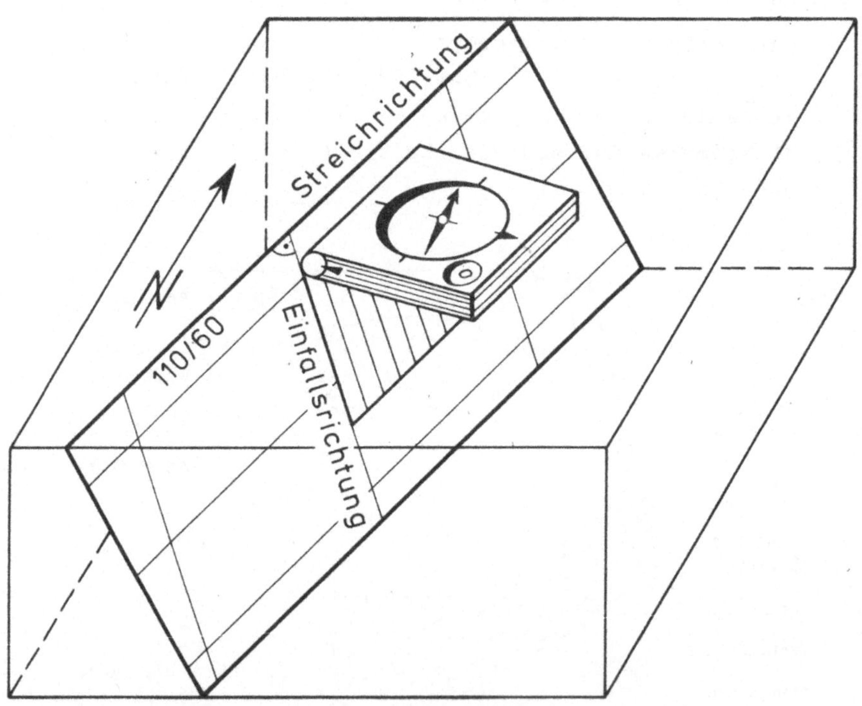

<u>Abb. 10</u>   **Messung einer Fläche mit dem Gefügekompaß**

- Die horizontalen und vertikalen Linien auf der Fläche sind hypothetisch und symbolisieren Linien des Streichens und Einfallens

b. <u>Einmessen von Linearen (vgl. Abb. 11)</u>

   1) Anlegen einer Anlegekante der Meßplatte an das Linear
   2) Gleichzeitiges Kippen um Anlegekante und Drehachse
      der Meßplatte bis der Kompaß horizontal liegt (Kontrol-
      le durch Libellen)
   3) Ablesen der Abtauchrichtung am Horizontalkreis
      (im Bsp. 190°)
   4) Ablesen des Abtauchwinkels am Vertikalkreis (im Bsp.
      23°)
      Das Linear in Abb. 11 taucht mit 23° in Richtung 190°
      ab: 190/23.

Beim Ablesen der Einfalls- bzw. Abtauchrichtung ist zu berücksichtigen, daß unter Umständen eine Fläche von zwei ent-
gegengesetzten Seiten eingemessen werden kann (Messung auf
Ober- bzw. Unterseite der Fläche). Liest man in beiden Fällen
die Richtung an derselben Nadelspitze ab, so erhält man Werte,

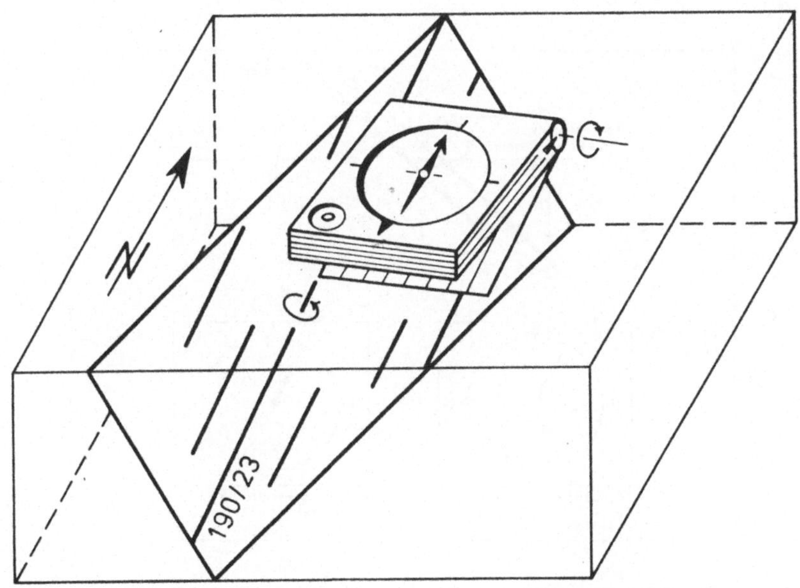

<u>Abb. 11</u>   Messung eines Linears mit dem Gefügekompaß

die sich um 180° unterscheiden. Um diese Doppeldeutigkeit zu
vermeiden, ist folgende Regel anzuwenden:

- Befindet sich die Ablesemarke für den Einfalls- bzw.
  Abtauchwinkel im <u>schwarzen</u> Bereich des Vertikalkreises,
  so wird die Einfalls- bzw. Abtauchrichtung am <u>schwarzen</u>
  Nadelende abgelesen (vgl. Abb. 12A)
- Steht die Ablesemarke im <u>roten</u> Bereich des Vertikalkreises, so erfolgt die Ablesung am <u>roten</u> Ende der Nadel
  (vgl. Abb. 12B).

Die Richtungswerte werden durchlaufend von 0-360° gezählt
(Azimutwerte). Die mit dem Geologenkompaß gemessene Streichrichtung und die mit dem Gefügekompaß gemessene Einfallsrichtung unterscheiden sich laut Definition um 90° und werden
so durch Subtraktion bzw. Addition von 90° ineinander überführt,
daß der Streichwert nicht größer als 180° wird. Das Beispiel
in Abb. 10 mit den Daten 110/60 (Gefügekompaß) ergibt einen
Streichwert von 110°-90° = 20°, die Einfallsrichtung ist
SE, daraus folgt: 20/60 SE. Eine Einfallsrichtung von 325°

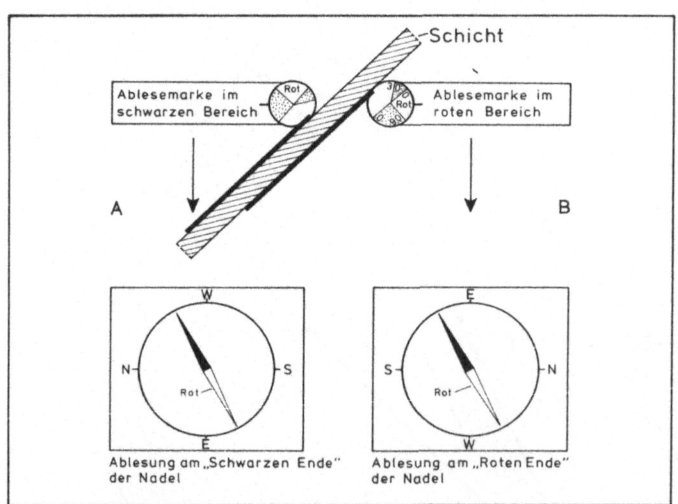

Abb. 12   Bestimmung der Einfallsrichtung mit dem Gefügekom-
           paß; (A) auf der Schichtoberseite, (B) auf der
           Schichtunterseite. Erl. siehe Kap. 3.4.2

(Gefügekompaß) würde einem Streichen von $325^{\circ}+90^{\circ}=55^{\circ}$ entsprechen, als Einfallsrichtung ergäbe sich NW. Bei der Umrechnung von Linearwerten muß lediglich beachtet werden, daß die Streichrichtung nicht größer als 180° werden darf, da auch bei der Messung mit dem Geologenkompaß die Abtauchrichtung im Streichen liegt. Danach ergibt sich für den Wert 190/23 aus Abb. 11: 10/23 SW; ein Linear 10/30 würde zu 10/30 NE.

4.   Schichtflächen

Eine <u>Schicht</u> ist ein sedimentärer Gesteinskörper, der durch
Schichtungsparallele bzw. -subparallele Trennflächen, den
Schichtflächen, begrenzt wird. Die <u>Mächtigkeit</u> einer Schicht
ist die kürzeste Verbindung zwischen Schichtoberfläche und
Schichtunterfläche; sie liegt im Millimeter- bis Meterbereich.
<u>Schichtung</u> ist ein Gefügemerkmal der sedimentären Gesteine,
die von Ablagerungsvorgängen, vom Ablagerungsraum und/oder
Herkunftsgebiet bestimmt wird. Sie kann sich im Wechsel der
Materialzusammensetzung (z.B. Sand - Ton), der Kornform (z.B.
rund - eckig), der Korngröße (grob - fein), des Korngefüges
(richtungsgebunden bzw. richtungslos), der Farbe, bzw. unterschiedlicher Diagenese (z.B. Änderung des Porenvolumens
nach der Ablagerung) bemerkbar machen. Feine Schichtungs-
merkmale sind oft erst nach Einwirken der Verwitterung erkennbar. Hierdurch können auch Schichtflächen zu mechanischen
Trennflächen werden (z.B. Bankung).

4.1   Lagerung und Nachweis der Lagerung

Schichten werden einzeln nacheinander (in zeitlicher = strati-
graphischer Abfolge), i.a. $\pm$ horizontal (söhlig), abgelagert.
Das bedeutet, daß jede Schicht jünger ist als der Untergrund,
auf dem sie abgelagert wurde. Zu dessen Struktur kann sie konkordant, d.h. parallel, oder diskordant, d.h. winklig, liegen
(vgl. Kap. 5). Infolge späterer Beanspruchung können Schichten
aus der ursprünglich söhligen Lage (vgl. Abb. 13A) verstellt
sein. Bis zu einem Winkel von 30° wird die Lagerung als <u>flach</u>,
bis 90° als <u>steil</u>, bei 90° als <u>saiger</u> (senkrecht) und über
90° als <u>überkippt (invers)</u> bezeichnet (vgl. Abb. 13B - E). Bei
einer Verstellung bis 90° wird von <u>normaler</u> Lagerung gesprochen,
da Jüngeres über Älterem liegt. Unabhängig von der zeitlichen
Abfolge wird das Überlagernde eines Betrachtungspunktes <u>Hangen-
des</u>, das Unterlagernde <u>Liegendes</u> genannt.

Um normale oder überkippte Lagerung erkennen und danach die
Struktur ermitteln zu können, werden Kriterien benötigt, die

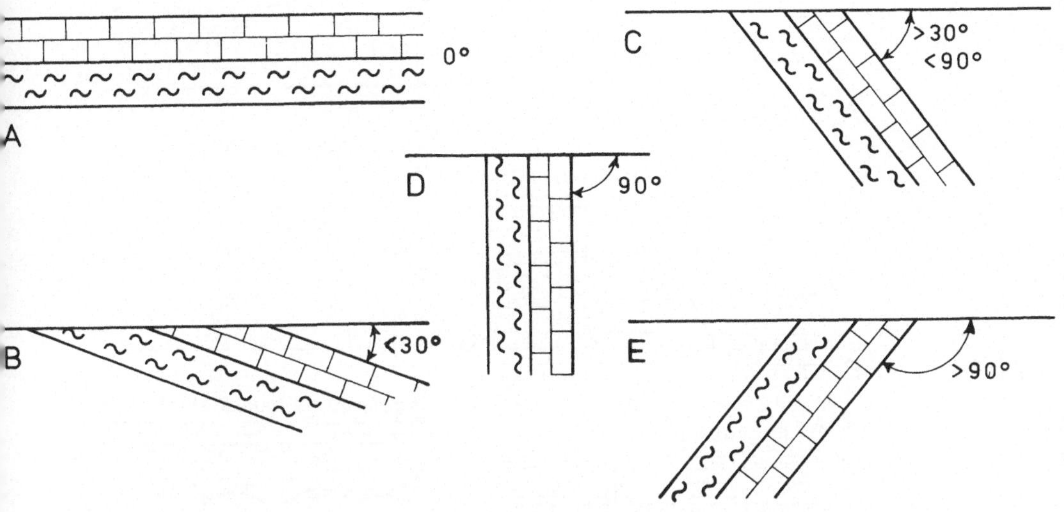

Abb. 13   Lagerungsverhältnisse von Schichten; (A) söhlig,
(B) flach, (C) steil, (D) saiger, (E) überkippt

Hinweise auf die ursprüngliche Richtung der Ablagerungsfolge
geben. Die Gefüge, die diese Kriterien vermitteln, werden als
geopetale Gefüge bezeichnet.

4.1.1   Sedimentäre Gefüge zur Lagerungsbestimmung (Geopetalgefüge, vgl. Abb. 14)

Viele Schichten sind in vertikaler Richtung nicht homogen,
sondern polar, d.h. sie zeigen in vertikaler Richtung charak-
teristische Gefügeänderungen.

a. Interngefüge (Gefüge innerhalb einer Schicht)

- Gradierte Schichtung (engl. graded bedding - Abnahme der
  Korngröße von unten nach oben, vgl. Abb. 14A)

- Auf dem Untergrund lebende, festsitzende (sessile) Tiere
  (z.B. Einzelkorallen, vgl. Abb. 14B)

- Wurmgrabgänge, von oben nach unten gerichtet (vgl. Abb.
  14C)

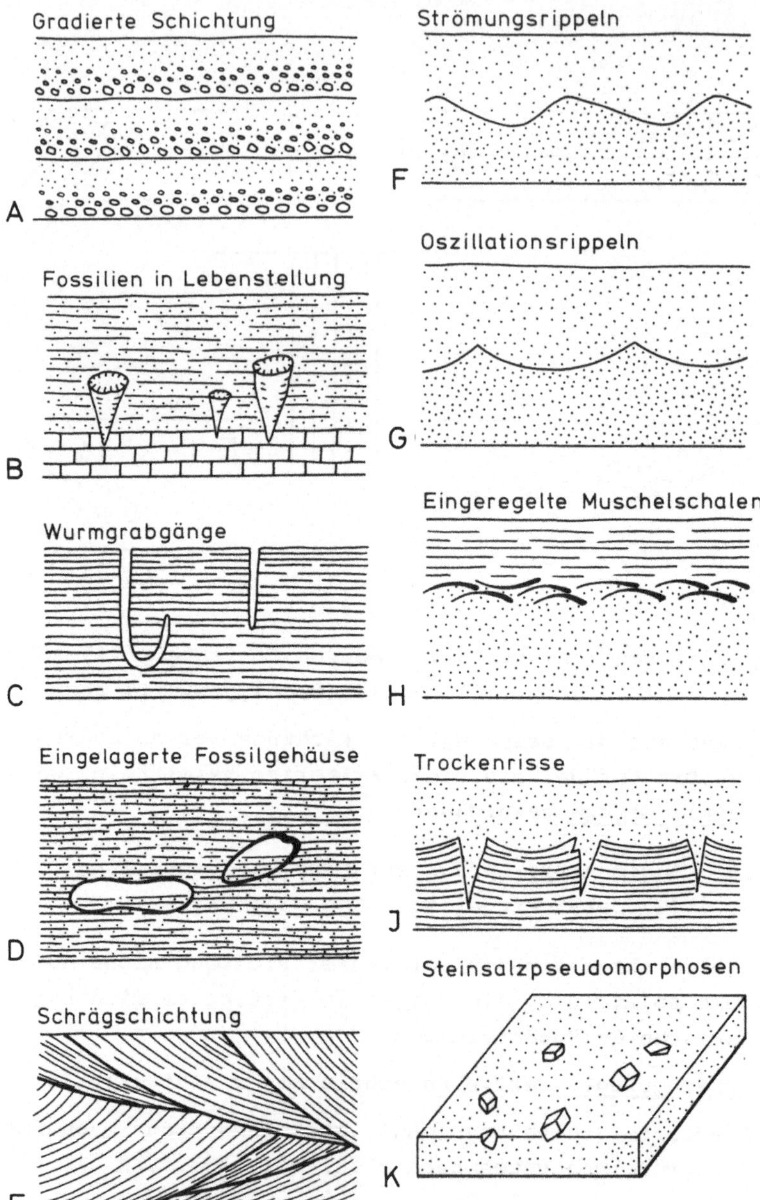

Gradierte Schichtung
A
Fossilien in Lebenstellung
B
Wurmgrabgänge
C
Eingelagerte Fossilgehäuse
D
Schrägschichtung
E
Strömungsrippeln
F
Oszillationsrippeln
G
Eingeregelte Muschelschalen
H
Trockenrisse
J
Steinsalzpseudomorphosen
K

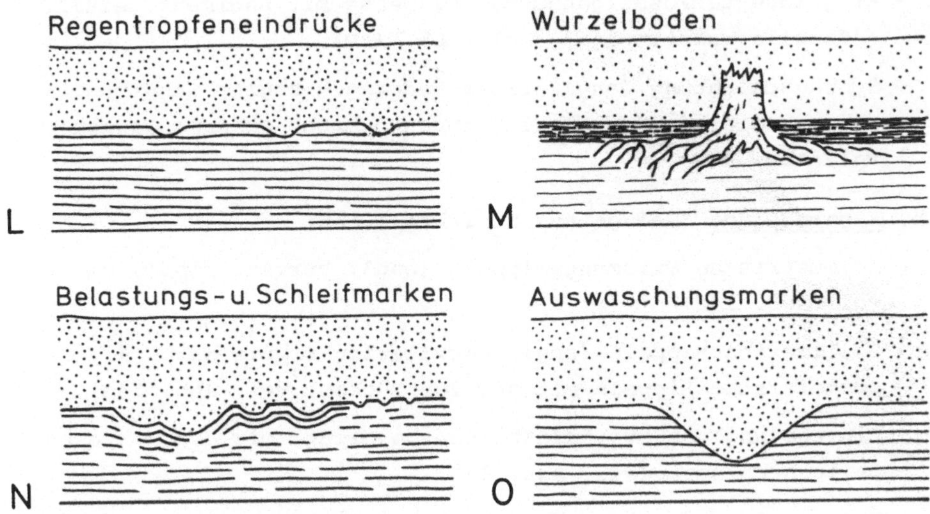

Abb. 14 Sedimentäre Gefüge zur Lagerungsbestimmung (Geopetalgefüge)

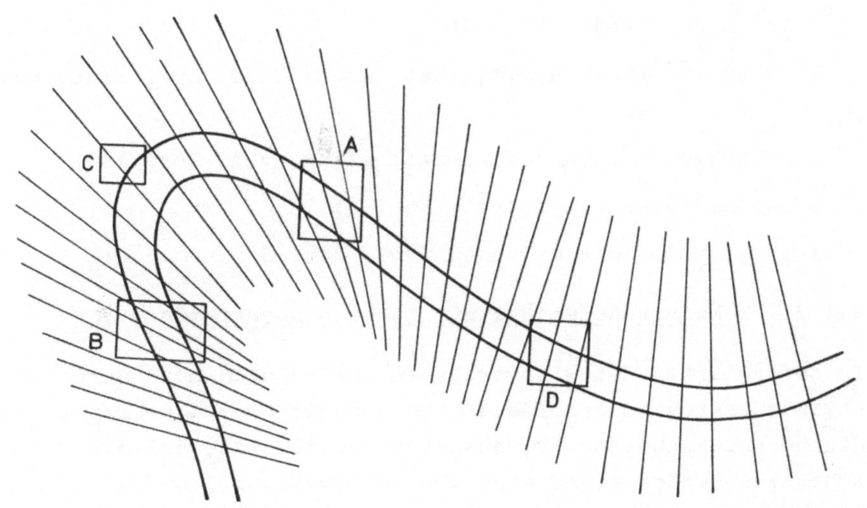

Abb. 15 Beziehung Schichtung/Schieferung zur Lagerungsbestimmung; (A,C,D) normale Lagerung, (B) überkippte Lagerung. Erl. siehe Kap. 4.1.2

- Eingelagerte Fossilgehäuse, teilweise mit Sediment gefüllt
  ("fossile Wasserwaage", vgl. Abb. 14D)

- Schrägschichtung (engl. cross-bedding - bogige Schüttungs-
  körper, die von der überlagernden Schicht gekappt werden,
  vgl. Abb. 14E)

b. <u>Externgefüge</u> (Gefüge auf Schichtflächen)

- Asymmetrische Strömungsrippeln (engl. current ripple marks,
  vgl. Abb. 14F)

- Oszillationsrippeln (engl. oscillation ripple marks -
  symmetrische Rippeln mit spitzen Rücken, vgl. Abb. 14G)

- Einregelung von Muschelschalen, bevorzugt mit der konvexen
  Seite nach oben (vgl. Abb. 14H)

- Trockenrisse (engl. mud cracks), Eiskeile (vgl. Abb. 14I)

- Steinsalzpseudomorphosen (Abdrücke von Steinsalzkristallen
  auf einer Schicht, vgl. Abb. 14K)

- Regentropfeneindrücke (rain drop prints), Kriechspuren,
  Fährten (vgl. Abb. 14L)

- Wurzelböden (vgl. Abb. 14M)

- Belastungs- und Schleifmarken (engl. load, bzw. flute casts,
  vgl. Abb. 14N)

- Auswaschungsmarken (engl. rill marks, vgl. Abb. 14O)

- Erosionsdiskordanzen (vgl. Kap. 5)

- Transgressionsdiskordanzen (vgl. Kap. 5)

4.1.2 <u>Tektonische Gefüge zur Lagerungsbestimmung</u>

In deformierten Gesteinsverbänden lassen sich auch durch bestimmte tektonische Formelemente normale oder überkippte Lagerung unterscheiden. Voraussetzung dafür ist, daß die beob-
achtbaren Gefüge einem einzigen Deformationsplan zugeordnet
werden können und eine spätere Verstellung ausgeschlossen
werden kann.

1) <u>Beziehung Schichtung/Schieferung:</u>

Entsteht bei einer faltenförmigen Verbiegung einer

Schichtfolge eine Falte, die nach einer Seite geneigt
ist und bei der dabei eine Überkippung auftreten kann,
ist in den meisten Fällen eine engständige Trennflächen-
schar (Schieferung) zu beobachten, die angenähert der
Achsen- oder Hauptstreichrichtung folgt. Wie aus Abb. 15
zu ersehen ist, können diese Flächen steiler oder flacher als die Schichtung einfallen. - Bei <u>gleichsinnigem</u>
Einfallen von Schichtung und Schieferung ist die Lagerung <u>normal</u>, wenn die <u>Schichtung flacher</u> als die Schieferung einfällt (vgl. Abb. 15A); sie ist <u>überkippt</u>, wenn
die Schichtung <u>steiler</u> als die Schieferung einfällt
(vgl. Abb. 15B). Bei <u>gegensinnigem</u> Einfallen von Schichtung und Schieferung ist die Lagerung <u>normal</u>, unabhängig
davon, ob die Schichtung steiler oder flacher als die
Schieferung einfällt (vgl. Abb. 15C und D).

2) <u>Lagebeziehung von Kleinfalten (drag folds) zu der über-
geordneten Großfalte</u>

   - Dieses Verfahren wird in Kap. 7.3.3 erläutert.

4.2   <u>Beziehungen zwischen Ausstrichsbreite, Mächtigkeit,
wahrem und scheinbarem Einfallswinkel in ebenem
Gelände</u>

Bei der Konstruktion einer Schicht in Riß oder Profil sind
neben Streichrichtung, Einfallswinkel und Einfallsrichtung
die Mächtigkeit und die Ausstrichsbreite zu beachten.

- Die <u>Schichtmächtigkeit</u> (wahre Mächtigkeit) ist der senkrechte Abstand zwischen Schichtunter- und Schichtoberkante

- Als <u>Ausstrichsbreite</u> (scheinbare Mächtigkeit) bezeichnet
  man den kürzesten Abstand zwischen Schichtunter- und Schichtoberkante in der Projektionsebene (Riß oder Profil)

- Der <u>wahre Einfallswinkel</u> ist der Einfallswert einer Schicht
  in einem Profil senkrecht zum Streichen

- Der <u>scheinbare Einfallswinkel</u> ist der Einfallswert einer
  Schicht in einem Profil schiefwinklig zum Streichen.

Abb. 16 A-D zeigen die Abhängigkeit zwischen Mächtigkeit,
Ausstrichsbreite und wahrem Einfallswinkel. Bei einer horizontal liegenden Schicht ist die Ausstrichsbreite unendlich
groß. Mit zunehmendem Einfallswinkel nimmt die Ausstrichsbreite ab und ist bei 90° identisch mit der wahren Mächtigkeit.
Daraus folgt:

<u>Die scheinbare Mächtigkeit ist immer größer oder gleich der
wahren Mächtigkeit.</u>

**4.2.1   Konstruktion von Ausstrichsbreite, Mächtigkeit und
          wahrem Einfallswinkel**

a. <u>Konstruktion der Ausstrichsbreite</u> (vgl. Abb. 17A)

   Gegeben: wahrer Einfallswinkel und wahre Mächtigkeit
   gesucht: Ausstrichsbreite

Im Querprofil wird auf der Horizontalen die Hangendgrenze A
markiert und in diesem Punkt der wahre Einfallswinkel abgetragen. Im Abstand der wahren Mächtigkeit wird dazu eine
Parallele gezogen, die die Horizontale in B (Liegendgrenze)
schneidet. Die Strecke $\overline{AB}$ ist die gesuchte Ausstrichsbreite.

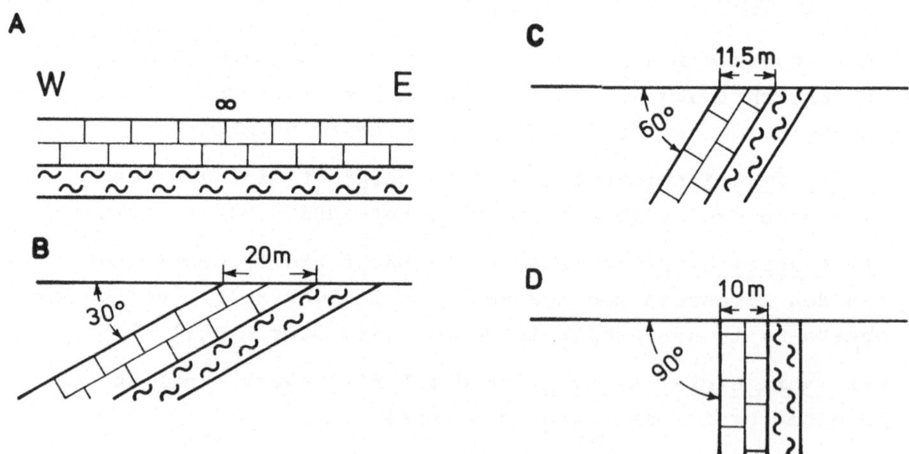

<u>Abb. 16</u>   Abhängigkeit der Ausstrichsbreite vom Einfalls-
            winkel bei gleicher Schichtmächtigkeit (m = 10 m)

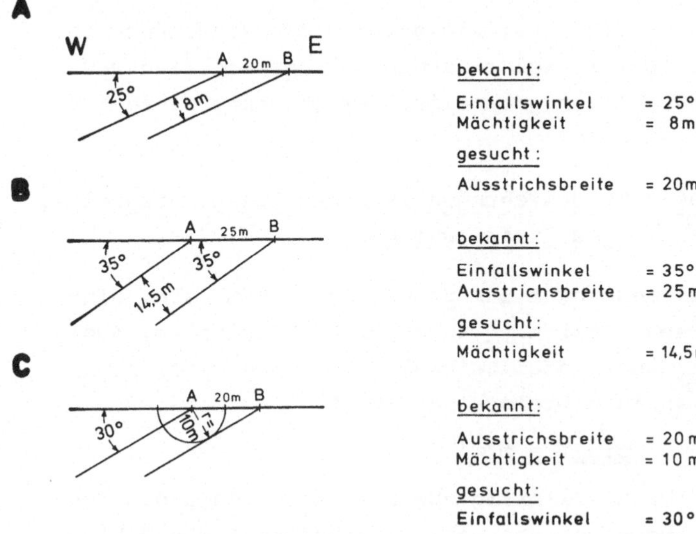

Abb. 17   Konstruktion von Ausstrichsbreite, Mächtigkeit oder Einfallswinkel aus zwei bekannten Größen. Erl. siehe Kap. 4.2.1

Analog erfolgt die Konstruktion von der Liegendgrenze B aus.

b. **Konstruktion der wahren Mächtigkeit** (vgl. Abb. 17B)

gegeben: wahrer Einfallswinkel und Ausstrichsbreite
gesucht: wahre Mächtigkeit

Die Ausstrichsbreite $\overline{AB}$ wird auf der Horizontalen im Querprofil abgetragen und anschließend in A und B der wahre Einfallswinkel gezeichnet. Der senkrechte Abstand zwischen den beiden Strahlen ist die wahre Mächtigkeit.

c. **Konstruktion des wahren Einfallswinkels** (vgl. Abb. 17C)

gegeben: wahre Mächtigkeit und Ausstrichsbreite
gesucht: wahrer Einfallswinkel

Die Ausstrichsbreite wird auf der Horizontalen im Querprofil abgetragen. Um A schlägt man einen Kreis mit der wahren Mächtigkeit als Radius. Die Tangente von B an diesen Kreis stellt

die Liegendgrenze, die Parallele durch A die Hangendgrenze
der Schicht dar. Der Winkel zwischen der Horizontalen und
der Hangend- bzw. Liegendgrenze ist der gesuchte wahre Einfallswinkel.

4.2.2 Mathematische Beziehungen zwischen Ausstrichsbreite, Mächtigkeit und Einfallswinkel

Bei einem Profil senkrecht zum Streichen besteht eine einfache mathematische Beziehung zwischen Mächtigkeit m, Ausstrichsbreite m' und Einfallswinkel α (vgl. Abb. 18).
Aus dem rechtwinkligen Dreieck ABD folgt:

$$\sin \alpha = m/m' \tag{1}$$

Bei einem Profil schiefwinklig zum Streichen hängt die Ausstrichsbreite, abgesehen von wahrer Mächtigkeit m und Einfallswinkel α , auch vom Profilwinkel β ab (Winkel zwischen
Profil- und Streichrichtung). Bezeichnet man m' als Ausstrichsbreite senkrecht zum Streichen und m" als Ausstrichsbreite schiefwinklig zum Streichen, so folgt aus dem rechtwinkligen Dreieck ABC in Abb. 18:

$$\sin \beta = m'/m" \quad \text{bzw.} \quad m" = m'/\sin \beta \tag{2}$$

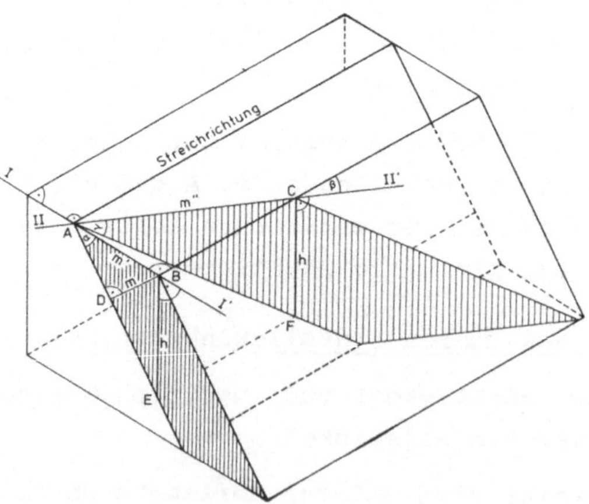

Abb. 18 Abhängigkeit der Ausstrichsbreite von Einfallswinkel,
Profilwinkel und wahrer Mächtigkeit

und aus dem rechtwinkligen Dreieck ABD:

$$\sin \alpha = m/m' \qquad (1)$$

Eine Kombination von (1) und (2) ergibt:

$$m'' = m'/\sin \beta = m/(\sin \alpha \cdot \sin \beta) \text{ oder} \qquad (3)$$

$$m = m' \cdot \sin \alpha = m'' \cdot \sin \alpha \cdot \sin \beta \qquad (4)$$

4.2.3 Bestimmung des scheinbaren Einfallswinkels

Im Profil werden geologische Verhältnisse nur dann wirklichkeitsgetreu wiedergegeben, wenn die Profilrichtung senkrecht zum Streichen verläuft. In allen anderen Fällen ist der scheinbare Einfallswinkel γ kleiner als der wahre Einfallswinkel α . Zwischen scheinbarem und wahrem Einfallswinkel sowie dem Profilwinkel β besteht eine einfache mathematische Gesetzmäßigkeit.

Aus dem rechtwinkligen Dreieck ABE in Abb. 18 folgt:

$$\tan \alpha = h/m'; \qquad (5)$$

aus dem rechtwinkligen Dreieck ACF:

$$\tan \gamma = h/m''; \qquad (6)$$

aus dem rechtwinkligen Dreieck ABC:

$$\sin \beta = m'/m''; \qquad (2)$$

aus (5) und (6) ergibt sich

$$m'/m'' = \tan \gamma /\tan \alpha ; \qquad (7)$$

setzt man (2) und (7) gleich, so folgt:

$$\sin \beta = \tan \gamma /\tan \alpha \qquad \text{oder}$$

$$\tan \gamma = \sin \beta \tan \alpha \qquad (8)$$

Für die Praxis ist eine Reihe von Diagrammen und Nomogrammen entwickelt worden, mit deren Hilfe der scheinbare Einfallswinkel direkt abgelesen werden kann (vgl. Abb. 19). Das Beispiel in Abb. 19A ergibt bei $\beta = 10^\circ$ und $\alpha = 45^\circ$ den scheinbaren Einfallswinkel $\gamma = 10^\circ$.

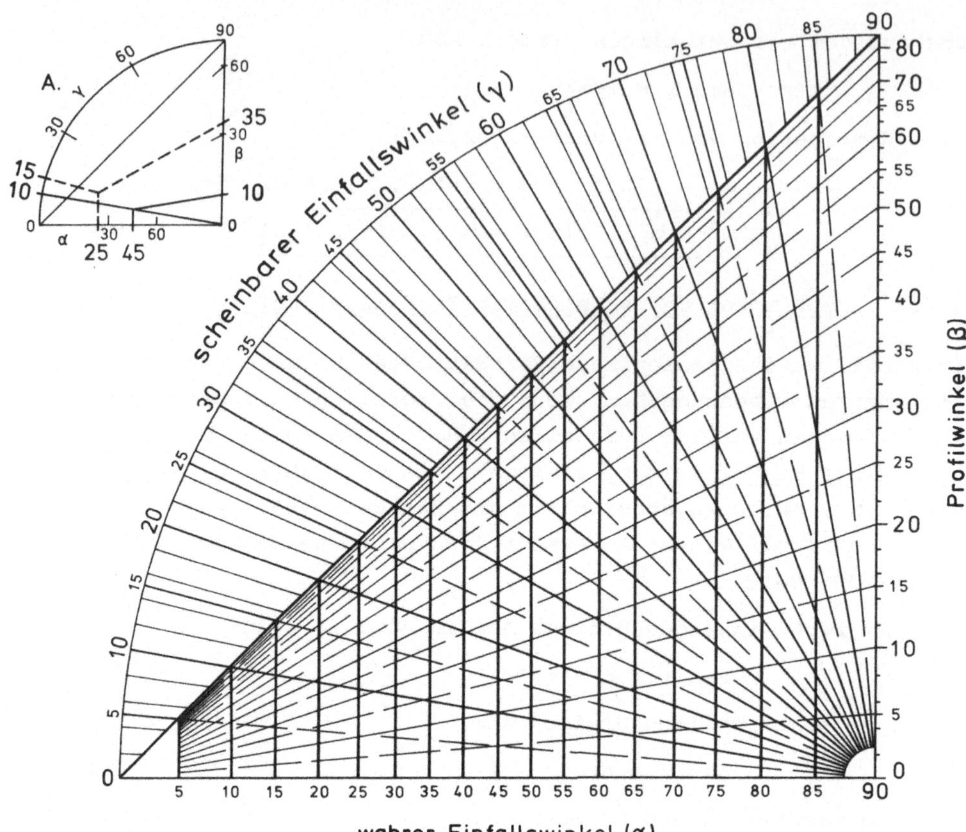

Abb. 19 **Diagramm zur Bestimmung des Einfallswinkels** (nach
W.S. TANGIER SMITH, Econ. Geol., 20, S. 181-184, 1925).

- <u>Anleitung:</u>

  a) Bestimmung des scheinbaren Einfallswinkels γ ; bekannt
     sind wahrer Einfallswinkel α und Profilwinkel ß (Winkel
     zwischen Profil- und Streichrichtung)

  Die Vertikallinie des wahren Einfallswinkels α wird mit
  dem Strahl des Profilwinkels ß zum Schnitt gebracht. Die
  Verbindungslinie dieses Schnittpunktes mit dem Punkt
  ß = 0 schneidet in ihrer rückwärtigen Verlängerung den
  Kreisbogen im scheinbaren Einfallswinkel γ .
  Bsp.: (vgl. Abb. 19A; durchgezogene Linien): Wahrer Ein-
        fallswinkel α = 45° und Profilwinkel ß = 10°.
        Daraus folgt: Scheinbarer Einfallswinkel γ = 10°.

  b) Bestimmung des wahren Einfallswinkels α ; bekannt sind
     scheinbarer Einfallswinkel γ und Profilwinkel ß

  Man bringt die Strahlen von ß und γ zum Schnitt und fällt
  vom Schnittpunkt das Lot auf die Horizontale
  Bsp.: (vgl. Abb. 19A; gestrichelte Linien): γ = 15° und
        ß = 35°. Daraus folgt: α = 25°.

4.3   <u>Beziehungen zwischen Ausstrichsform, Mächtigkeit und</u>
<u>wahrem Einfallswinkel in morphologisch gegliedertem</u>
<u>Gelände</u>

Muß bei der Darstellung von Ausstrichsbreite, Mächtigkeit,
Einfallswinkel und Einfallsrichtung auch die Morphologie des
Geländes berücksichtigt werden, so kommt man zu wesentlich
komplizierteren Verhältnissen als bei der Konstruktion in
ebenem Gelände. Besonders Form und Breite des Ausstrichs werden stark durch die Morphologie beeinflußt.

Im Vergleich zum Riß, wo nur eine bestimmte Höhenlage dargestellt wird, muß man sich eine Höhenlinienkarte als Stapelung
mehrerer Risse vorstellen, d.h. als eine senkrechte Projektion
von Rissen (ein Riß pro Höhenlinie) in die Darstellungsebene.
Daraus ergibt sich für die Eintragung einer Schicht ins Kar-
tenbild, daß der Ausstrich für jedes Niveau (Höhenlinie) getrennt konstruiert werden muß. Die Schnittpunkte der Parallelenschar, die in Streichrichtung verläuft, mit ihren entsprechenden Höhenlinien stellen dann echte Ausbisse der Schicht an der
Erdoberfläche dar. Verbindet man die Schnittpunkte der verschiedenen Niveaus, so erhält man den Ausstrich der darzustel-
lenden Schicht. Der Abstand der Parallelenschar kann konstruk-
tiv aus dem wahren Einfallswinkel der Schicht und dem Karten-
maßstab ermittelt oder einem Diagramm entnommen werden (vgl.
Abb. 20).

Das Konstruktionsprinzip soll am Beispiel der Abb. 21 erläutert werden:

1) Punkt A stellt den Ausbiß einer Schichtoberkante mit
   70/20 NW dar

2) Mit Hilfe der Karte wird so genau wie möglich die Höhenlage von Punkt A bestimmt (im Beispiel 310 m)

3) In A trägt man die Streichrichtung für die Höhenlage
   des Punktes A ab

4) Mit Hilfe des Diagramms (vgl. Abb. 20) bestimmt man den
   Abstand der Parallele für die nächste Höhenlinie (im

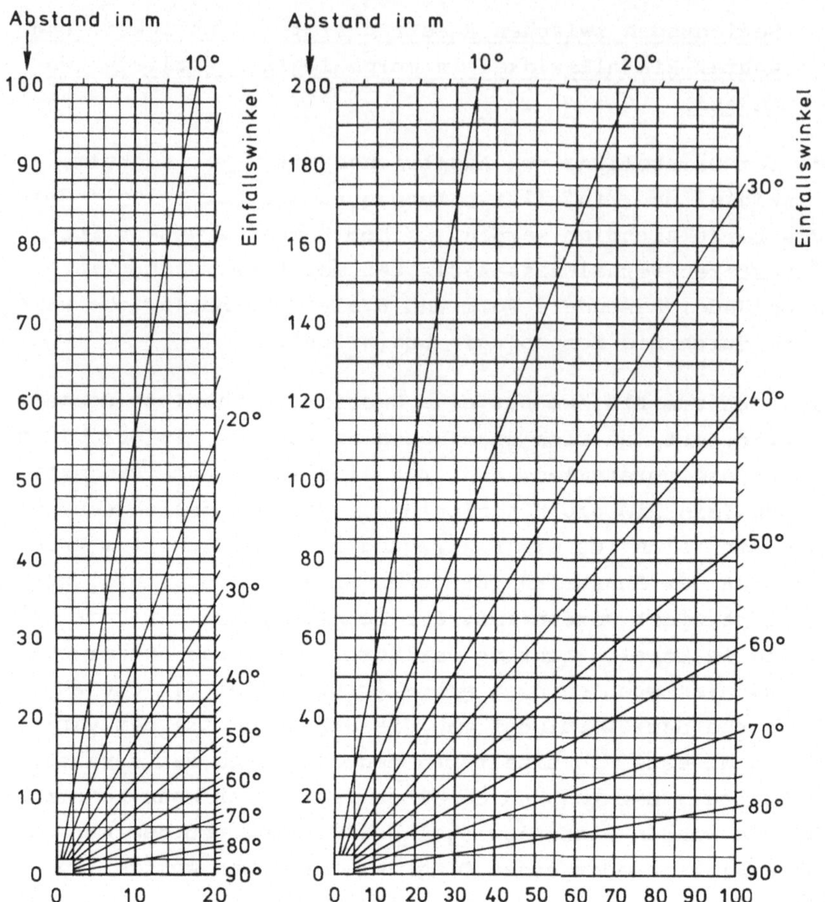

Höhendifferenz der Höhen- bzw. Formlinien in m

Abb. 20   Diagramm zur Ermittlung des Abstandes der Hilfslinien (Parallelen zur Streichrichtung) für die Konstruktion von Schichtausbissen (siehe Kap. 4.3) sowie für den Abstand von Formlinien (siehe Kap. 4.4.3).

- **Anleitung:** Die Höhendifferenz der Höhenlinien bzw. Formlinien ist auf der horizontalen Skala abgetragen. Man bringt die vertikale Linie der vorgegebenen (für Höhenlinien) bzw. der gewünschten (für Formlinien) Höhendifferenz mit dem Strahl des entsprechenden Einfallswinkels zum Schnitt. Die Horizontale durch diesen Punkt ergibt als Schnittpunkt mit der Vertikalskala den gesuchten Abstand.
Bsp. Höhendifferenz = 50 m und Einfallswinkel = 40°.
Daraus folgt: Abstand der Parallelen zur Streichrichtung bzw. der Formlinien = 60 m.

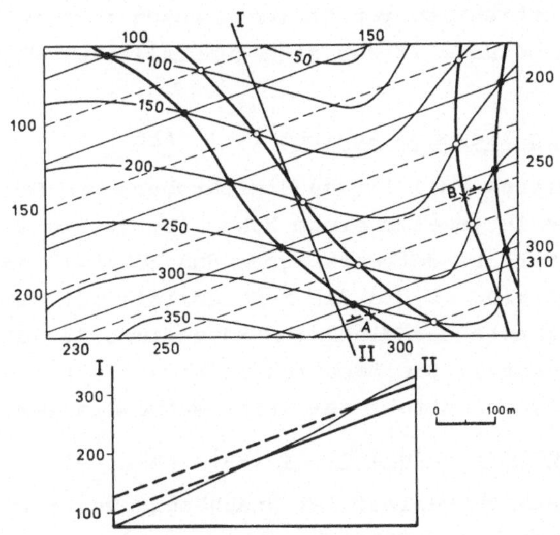

Abb. 21   Konstruktion des Ausbisses einer Schicht in morphologisch gegliedertem Gelände. Erl. siehe Kap. 4.3

Beispiel 27 m) sowie den Parallelenabstand für den 50 m-
Abstand der Höhenlinien (im Beispiel 137 m)

5) Die Parallelen werden in die Karte eingetragen und die
Schnittpunkte mit den entsprechenden Höhenlinien markiert. Da im Beispiel die Schicht nach NW einfällt, müssen die Parallelen für Höhenlagen größer als Punkt A im
SE-Bereich eingetragen werden. Analog liegen die Parallelen für Höhen kleiner A im Nordwesten.

6) Die Verbindung der Schnittpunkte von Parallelen und entsprechenden Höhenlinien ergibt den gesuchten Ausstrich
der Schichtoberkante

7) Die in Punkt B mit 70/20 NW aufgeschlossene Unterkante
der Schicht wird analog konstruiert

8) In einem Profil senkrecht zum Streichen kann die wahre
Mächtigkeit bestimmt werden (m = 25 m)

Bei der Konstruktion von Schichtgrenzen in morphologisch gegliedertem Gelände lassen sich generell vier Fälle unterscheiden:

1) <u>Söhlig liegende Schicht</u> (vgl. Abb. 22)

   In diesem Fall liegen Schichtober- und Schichtunter-
   kante in jeweils einem Höhenniveau. Sie folgen exakt
   dem Verlauf der entsprechenden Höhenlinien (im Beispiel sind es die 215 m-Höhenlinie für die Schicht-
   unterkante und die 245 m-Höhenlinie für die Schichtoberkante). Die Mächtigkeit kann als Differenz der
   Höhenlagen direkt der Karte entnommen werden (m = 30 m).

2) <u>Saiger stehende Schicht</u> (vgl. Abb. 23)

   Der Schichtverlauf ist unabhängig von der Morphologie.
   Ausstrich und Streichrichtung sind in diesem Fall identisch. Auch in diesem Sonderfall kann die Mächtigkeit
   direkt aus der Karte abgelesen werden (m = 25 m).

3) <u>Schicht mit Einfallen mit dem Hang</u> (vgl. Abb. 24)

   Die Ausstrichslinien springen - bezogen auf die Richtung
   des Schichteinfallens - <u>talabwärts vor</u> und <u>hangaufwärts
   zurück</u>. Die Umbiegungen von Höhenlinien und Ausstrichslinien sind bei Schichteinfallen <u>steiler</u> als Hangneigung
   <u>entgegengesetzt</u> gerichtet (vgl. Abb. 24); bei Schichteinfallen <u>flacher</u> als Hangneigung <u>richtungsgleich</u> (vgl.
   Abb. 21).

4) <u>Schicht mit Einfallen gegen den Hang</u> (vgl. Abb. 25)

   Bezogen auf die Richtung des Schichteinfallens springen
   die Ausstrichslinien <u>talaufwärts vor</u> und <u>hangabwärts
   zurück</u>. Die Umbiegungen von Höhenlinien und Ausstrichslinien sind - unabhängig von der Größe des Schichteinfallens - <u>richtungsgleich</u>.

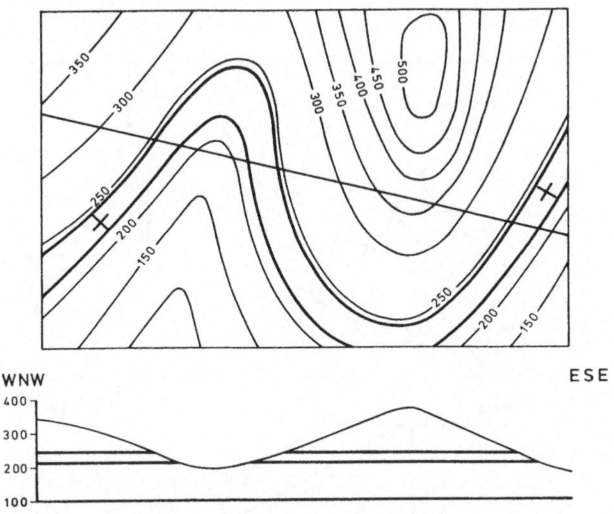

Abb. 22   Verlauf einer söhligen (horizontalen) Schicht in morphologisch gegliedertem Gelände

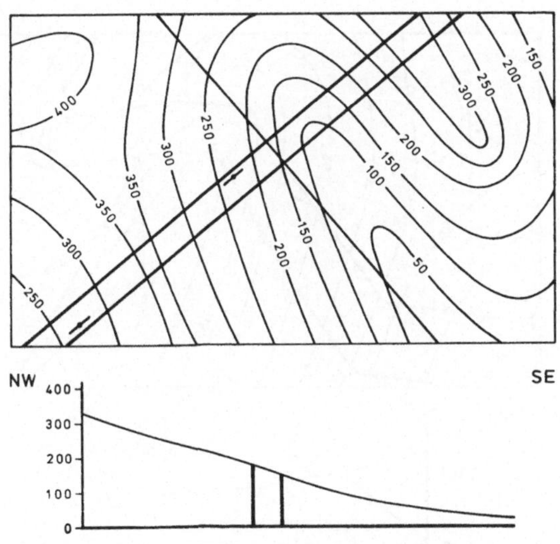

Abb. 23   Verlauf einer saigeren (senkrechten) Schicht in morphologisch gegliedertem Gelände

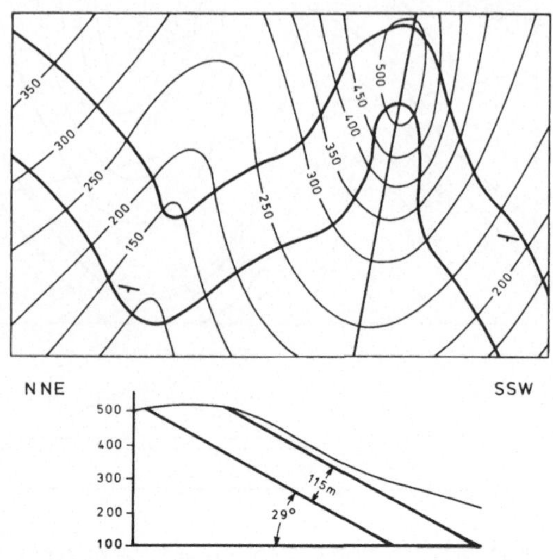

Abb. 24 Verlauf einer geneigten Schicht bei Einfallen mit dem Hang (Schichteinfallen steiler als Hangneigung)

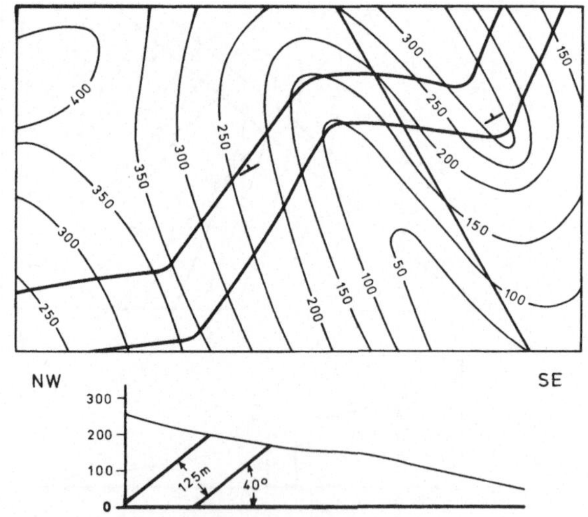

Abb. 25 Verlauf einer geneigten Schicht bei Einfallen gegen den Hang

4.4   Konstruktionsbeispiele

4.4.1   Konstruktive Ermittlung der Raumlage einer Fläche aus Bohrungen

(nach einem Manuskript von F.W. WELLMER)

Häufig ist die Raumlage einer Schicht zu bestimmen, die nicht direkt eingemessen werden kann. Beispiele dafür sind erdölführende Horizonte, sedimentäre Lagerstätten, Kohleflöze oder ähnliches, die nicht übertage aufgeschlossen sind. In solchen Fällen kann deren Raumlage mit Hilfe von Bohrungen ermittelt werden. Voraussetzungen dafür sind, daß die Fläche zwischen den Bohrungen als angenähert eben und ungestört betrachtet werden kann.

Abb. 26 zeigt die Konstruktion einer Schicht aus drei Bohrungen. Die Ansatzpunkte der drei Bohrungen liegen 72 m über NN (Normalnull = Meeresniveau) für Bohrung A, 50 m über NN für Bohrung B und 62 m über NN für Bohrung C. In A wurde die Oberkante der Schicht in einer Teufe von 222 m, in B bei 300 m und in C bei 562 m erreicht. In C wurde das Lager durchbohrt;

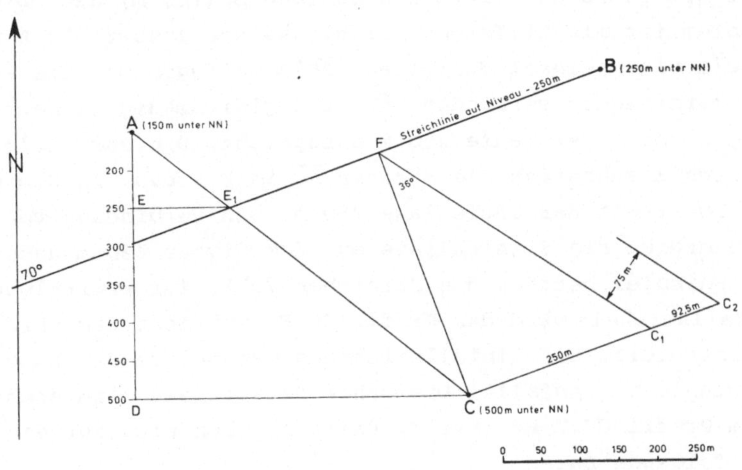

Abb. 26   Konstruktion einer Schicht aus drei Bohrungen. Erl. siehe Kap. 4.4.1

die scheinbare Mächtigkeit beträgt 92,5 m. Um den Einfluß
der Morphologie auszuschalten, müssen die Bohrteufen auf
ein gemeinsames Niveau bezogen werden. Generell kann dafür
jedes beliebige Niveau verwendet werden; im Beispiel wurde
als gemeinsames Bezugsniveau Normalnull benutzt. Auf NN um-
gerechnet ergeben sich folgende Bohrteufen:

Bohrung A: 222 m - 72 m = 150 m von NN bis Oberkante Schicht

Bohrung B: 300 m - 50 m = 250 m von NN bis Oberkante Schicht

Bohrung C: 562 m - 62 m = 500 m von NN bis Oberkante Schicht;
die Unterkante wurde bei 654,5 m erreicht
(92,5 m scheinbare Mächtigkeit).

Das Problem, die Lage einer Schicht mit Hilfe von Bohrungen
zu lokalisieren, besteht in der Ermittlung der Streichlinie
und des Einfallens. Die Konstruktion der Streichlinie beruht
darauf, zwei Punkte gleicher Teufenlage zu finden. Die Verbindung dieser Punkte ist dann laut Definition die Streichlinie dieser Schicht in der speziellen Teufe. Zu diesem Zweck
verbindet man die flachste (A) und die tiefste Bohrung (C).
Auf der Verbindungslinie muß jetzt der Punkt gefunden werden, der die Teufe der mittleren Bohrung B (250 m) hat. Dieses Problem ist mit Hilfe des Strahlensatzes lösbar. In A wird
unter beliebigem Winkel der Strahl $\overline{AD}$ angetragen und die Punkte
C und D miteinander verbunden. $\overline{AD}$ wird gleichmäßig (linear)
geteilt, wobei E der Teufe 250 m entspricht. Die Parallele
zu $\overline{CD}$ durch E schneidet die Strecke $\overline{AC}$ in E_1, d.h. in dem gesuchten Punkt mit der Teufenlage 250 m. Die Verbindung von
E_1 und B ergibt die Streichlinie auf dem Niveau 250 m unter
NN. (Im Beispiel beträgt das Streichen 70°). Zur Ermittlung
des Einfallswinkels wird das Profil CC_1F senkrecht zum Streichen konstruiert. Die Einfallsrichtung ist SE, da das Lager
zur Bohrung C hin abfällt. Die wahre Mächtigkeit wird ebenfalls im Profil CC_1F ermittelt. Damit ergeben sich für die
Schicht folgende Daten:
a) Raumlage: 70/36 SE
b) wahre Mächtigkeit: 75 m

4.4.2 Konstruktion von Isolinienkarten
(nach einem Manuskript von F.W. WELLMER)

Die Isolinienkarte ist eine Darstellung, auf der Punkte gleicher "Wertigkeit" miteinander verbunden sind. Die bekannteste
Isolinienkarte ist die topographische Karte, die Linien gleicher Höhe abbildet. In gleicher Form können in der Geologie,
Geochemie, Geophysik, Hydrologie usw. eine Vielzahl von Meß-
werten als Isolinienkarten dargestellt werden; z.B. Karten
gleicher Mächtigkeit oder Teufenlage einer Schicht (Mächtig-
keits- bzw. Tiefenlinienpläne), Tiefenlinienpläne von Grund-
wasserhorizonten in der Hydrologie, Darstellung von Metall-
gehalten in Lagerstättenkarten, Karten geochemischer oder geo-
physikalischer Anomalien (Anomalienkarten) usw. Da sich Isolinien nur in Ausnahmefällen kontinuierlich zeichnen lassen -
z.B. bei der Konstruktion von Höhenlinienkarten aus Luftbil-
dern - müssen normalerweise die Isolinien mit Hilfe eines
Meßpunktrasters ermittelt werden. Das Konstruktionsprinzip
von Isolinienkarten soll hier am Beispiel eines Tiefenlinienplans erläutert werden (vgl. Abb. 27).

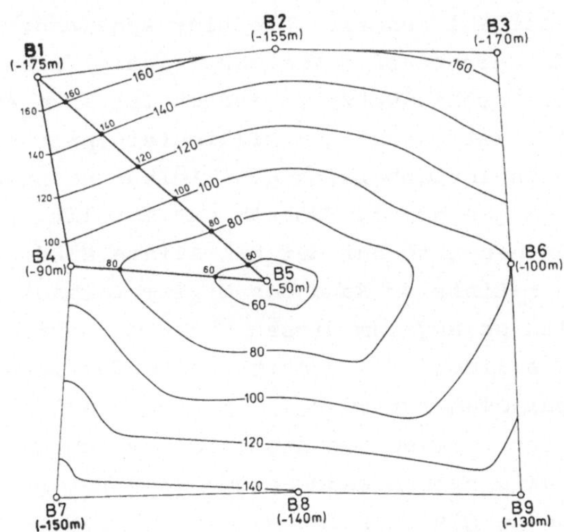

Abb. 27   Konstruktion eines Tiefenlinienplans. Erl. siehe
Kap. 4.4.2

Die Hangendgrenze einer Schicht wurde durch 9 Bohrungen erfaßt, deren Ansatzpunkte und Teufen folgende Werte besitzen:

B1: 42 m über NN, Teufe 217 m;   B6: 40 m über NN, Teufe 140 m;
B2: 35 m über NN, Teufe 190 m;   B7: 32 m über NN, Teufe 182 m;
B3: 48 m über NN, Teufe 218 m;   B8: 28 m über NN, Teufe 168 m;
B4: 37 m über NN, Teufe 127 m;   B9: 41 m über NN, Teufe 171 m.
B5: 52 m über NN, Teufe 102 m;

Zu konstruieren ist der Tiefenlinienplan der Schichtoberkante mit einem Tiefenlinienabstand von 20 m.

Analog zu Abschnitt 4.4.1 wird als Bezugsniveau Normalnull (NN) benutzt. Auf dieses Niveau sind alle Teufenangaben zu reduzieren. Anschließend verbindet man die Bohrungen mit Hilfslinien, um zusätzliche Werte für die Konstruktion zu erhalten. So muß es z.B. auf der Verbindungslinie $\overline{B1B5}$ Punkte mit 160 m-, 140 m-, 120 m-, 100 m-, 80 m- und 60 m-Teufenlage geben. Für die Interpolation dieser Zwischenwerte gibt es eine Reihe mathematischer und zeichnerischer Verfahren; grundsätzlich geht man immer von einer <u>linearen</u> Veränderung der Teufe aus. Bei der Raumlagenbestimmung von Flächen mit Hilfe von Bohrungen wurde zur Interpolation ein Hilfsstrahl benutzt. Die hier angewandte Millimeterpapiermethode beruht auf demselben Prinzip (lineare Teilung mit Hilfe des Strahlensatzes), jedoch ist ihre Anwendung einfacher und schneller. Auf einem Millimeterpapier (vgl. Abb. 28) wird der gesamte Teufenbereich des Tiefenlinienplans als Parallelen in einem geeigneten Maßstab dargestellt. Zur Konstruktion der Zwischenwerte auf der Hilfslinie $\overline{B1B5}$ wird B5 (50 m) auf die 50 m-Linie am Rand des Millimeterpapiers gebracht und der Plan solange um diesen Punkt gedreht, bis B1 auf der 175 m-Linie liegt. Die Schnittpunkte der Verbindungslinie und den Parallelen für 60 m, 80 m usw. bis 160 m auf dem Millimeterpapier stellen die gesuchten Zwischenwerte dar. Sind alle Hilfspunkte nach diesem Schema konstruiert, verbindet man die Punkte gleicher Teufenlage. Es ist darauf zu achten, daß die Kurven angenähert subparallel verlaufen und der Abstand zwischen den Tiefenlinien sich nicht sprunghaft ändert.

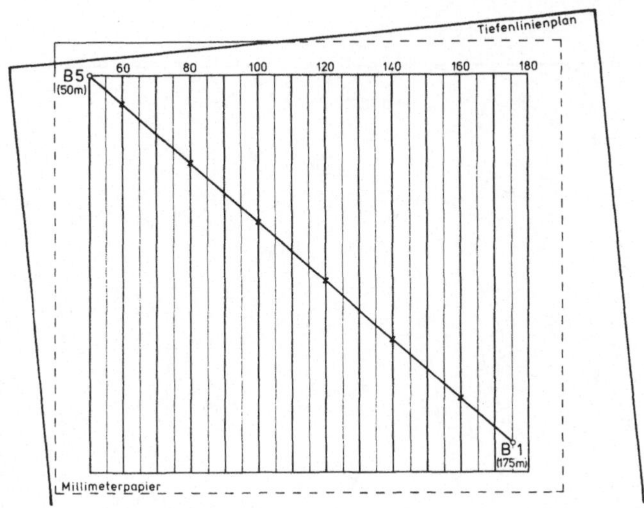

<u>Abb. 28</u>   Lineare Interpolation mit der Millimeterpapier-
methode. Erl. siehe Kap. 4.4.2

4.4.3   K̲o̲n̲s̲t̲r̲u̲k̲t̲i̲o̲n̲ ̲v̲o̲n̲ ̲F̲o̲r̲m̲l̲i̲n̲i̲e̲n̲k̲a̲r̲t̲e̲n̲ (vgl. Abb. 29)

In einem mächtigen Gesteinskomplex, dessen Hangend- und
Liegendgrenze sowie Mächtigkeit unbekannt sind, und der sich
weder petrographisch noch biostratigraphisch untergliedern
läßt, kann die Struktur angenähert mit Hilfe einer Form-
linienkarte ermittelt werden. Voraussetzung dafür ist, daß
genügend Streich- und Einfallswerte bekannt sind, und daß
die Serie nicht übermäßig gestört ist. Besonders vorteil-
haft an diesem Verfahren ist, daß man als Unterlage keine
Höhenlinienkarte benötigt.

Die Daten für Streichen und Einfallen werden in den Plan
eingetragen, die Einfallsrichtung nach beiden Seiten ver-
längert und auf diesem Strahl mit Hilfe eines Diagramms
(vgl. Abb. 20) unter Berücksichtigung der Einfallswerte die
Abstände der Formlinien markiert (im Beispiel beträgt die
Höhendifferenz der Formlinien 20 m). Anschließend verbindet

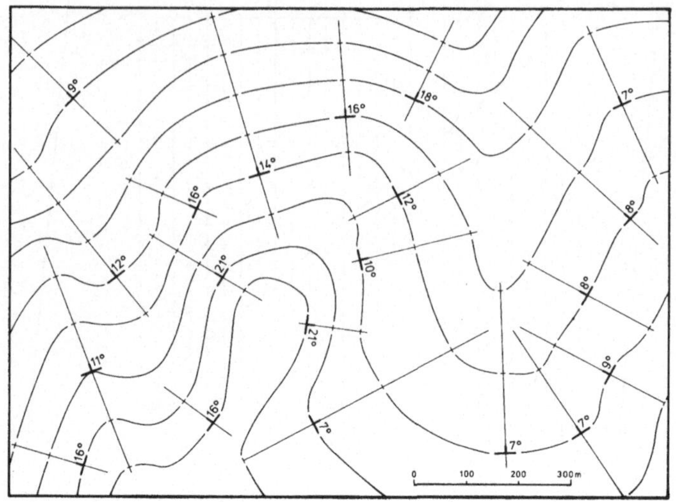

<u>Abb. 29</u> Konstruktion einer Formlinienkarte. Erl. siehe
Kap. 4.4.3

man die Punkte derart, daß die Formlinien senkrecht (oder
angenähert senkrecht) die Einfallsrichtung schneiden. Es
versteht sich, daß solch eine Karte die wahren Strukturen
nur näherungsweise wiedergibt.

5. Diskontinuitätsflächen

Diskontinuitätsflächen sind Flächen innerhalb geologischer
Körper, die Gesteinsfolgen oder Gesteinstypen unterschiedlicher Zusammensetzung, Färbung, Gefüge und/oder zeitlicher
Zuordnung voneinander trennen (engl. unconformities). Sie
können auf sedimentären, magmatischen, metamorphen und tektonischen Vorgängen beruhen und kennzeichnen eine Unterbrechung in der kontinuierlichen Gesteinsausbildung.

5.1 Sedimentäre Diskontinuitäten

Sedimentäre Diskontinuitätsflächen sind das Ergebnis einer
Unterbrechung der Materialablagerung. Sie treten als obere
(hangende) Begrenzung einer Schicht oder Schichtfolge auf
und markieren ein Zeitintervall der Verwitterung, Abtragung
oder Störung bereits abgelagerter Sedimente, eine Periode
fehlender Sedimentation oder die Ablagerung von Sedimenten
auf nicht-horizontalem Untergrund. Sehr verbreitet treten
an der Basis der darüberliegenden (jüngeren) Schichtfolge
Horizonte mit aufgearbeitetem Material der älteren Gesteinsserie oder eines benachbarten Abtragungsgebietes auf (Basalkonglomerat).

- Wird ein Sediment abgelagert, dessen Schichtung mit seiner unteren Begrenzungsfläche und mit der Schichtung der
  unterlagernden (älteren) Gesteinsfolge parallel verläuft,
  so besteht eine konkordante Diskontinuität zwischen den
  beiden Schichtfolgen (engl. parallel unconformity oder
  disconformity).

- Bilden die Schichtungsgefüge der jüngeren Sedimente mit
  den Schichtflächen der älteren Sedimentfolge einen Winkel (Diskontinuitätsfläche parallel zu den jüngeren Schichtflächen) oder werden die jüngeren Schichten auf einem
  nicht-horizontalen Untergrund abgelagert (Diskontinuitätsfläche nicht parallel zu den jüngeren Schichtflächen), so
  besteht eine diskordante Diskontinuität oder Diskordanz
  zwischen den beiden Schichtfolgen (engl. angular unconformity oder nonconformity).

5.1.1 Konkordante sedimentäre Diskontinuitäten

Als markanteste und am meisten verbreitete Trennflächen treten in Sedimentgesteinsfolgen die Schichtflächen in Erscheinung, die parallel bzw. subparallel (konkordant) zueinander
verlaufen und die einzelnen Gesteinsschichten oben und unten
begrenzen. Die zwischen zwei Schichtflächen bestehende Schicht-
fuge trennt Schichten gleicher oder unterschiedlicher Zusammensetzung, Färbung oder Gefüge voneinander und kennzeichnet stets
eine zeitliche Unterbrechung im Sedimentationsablauf, ohne
daß diese Unterbrechung in jedem Falle auch geologisch-zeit-
lich (d.h. stratigraphisch) nachweisbar sein muß. Besteht jedoch zwischen der älteren Schicht und der jüngeren Schicht
eine stratigraphisch faßbare Zeitdifferenz, die sich z.B. in
einem merklichen Unterschied in der Fossilführung äußert,
dann zeichnet sich darin eine Schichtlücke ab, die den Aus-
fall einzelner Schichten oder ganzer Schichtfolgen angibt
(engl. paraconformity). Schichtlücken entstehen also, wenn
nach einer Phase der Sedimentablagerung eine Periode ohne
Sedimentbildung folgt, in der die abgelagerten Schichten teilweise abgetragen (erodiert) oder zersetzt (verwittert) werden. Ohne stratigraphischen Nachweis sind Schichtlücken in
der Regel von Schichtfugen nicht zu unterscheiden. Sie lassen sich dann nur durch Schichtfolgen-Vergleiche in größerem
regionalen Zusammenhang ermitteln.

5.1.2 Diskordante sedimentäre Diskontinuitäten oder Dis-
kordanzen

Diskordante Diskontinuitätsflächen (Diskordanzen) treten an
der Basis einer Sedimentfolge auf, wenn deren Schichtung
nicht parallel zu der Basisfläche der Folge oder zu der
Schichtung der älteren Gesteinsfolge verläuft. Da der Vorgang der Sedimentation im allgemeinen die Tendenz hat, bestehende morphologische Unebenheiten auszugleichen, wird die
übergreifende Lagerung der Sedimente über der Diskontinuitätsfläche (Anlagerungsdiskordanz) umso deutlicher sichtbar, je
ausgeprägter die Zergliederung oder Neigung des Untergrundes
ist.

46

Sedimentäre Diskordanzen oder Anlagerungsdiskordanzen treten auf,

> 1) wenn eine ältere Sedimentfolge primär keine horizon-
> talen Begrenzungsflächen im Hangenden ausbildet.
> Abb. 30A zeigt das schematische Blockbild eines Rif-
> fes (z.B. aus dem Mitteldevon des Rheinischen Schie-
> fergebirges) mit schräger Anschüttung von Riffschutt-
> und Decksedimenten. Ähnliche Anlagerungserscheinungen
> treten auch über untermeerischen Rücken von Laven oder
> Tuffen auf oder in sedimentären Schrägschüttungskör-
> pern (z.B. bei Sedimenten von Schlammströmen).

> 2) wenn an der Oberfläche einer älteren Gesteinsfolge
> durch Heraushebung, Verwitterung und Abtragung ein
> morphologisch gegliedertes Relief entsteht.
> Abb. 30B zeigt das schematische Blockbild eines ver-
> karsteten Kalksteins, in dessen Hohlform ein mangan-
> haltiger Brauneisenstein entstanden ist, über dem sich
> junge Sande und Tone abgelagert haben (z.B. Tertiär-

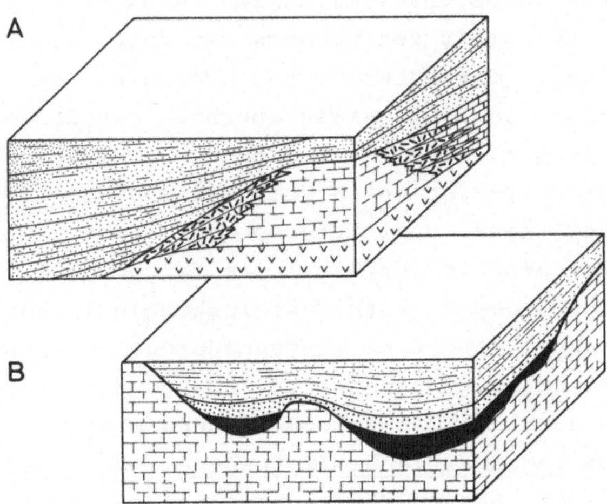

<u>**Abb. 30**</u>   **Sedimentäre Diskordanzen; (A) Anlagerungsdis-
kordanz an einem Riff, (B) Erosionsdiskordanz über
einem verkarsteten Kalkstein**

sedimente über verkarstetem Massenkalk des Mitteldevons im Rheinischen Schiefergebirge). Ähnliche Hohlformen können unter extremen Klimaten (z.B. tropisches bzw. subtropisches wechselfeuchtes Klima) auch durch den allgemeinen tiefgründigen Gesteinszersatz entstehen.

3) wenn durch stärkere tektonische Vorgänge der ältere Gesteinskomplex beansprucht, gefaltet oder gekippt und nach einer zeitweiligen Hebung und Abtragung von flachlagernden Decksedimenten bedeckt wird (<u>Transgressionsdiskordanz</u>). Die dabei zwischen der älteren und der jüngeren Folge sichtbare sedimentäre Diskordanz stellt einen weit verbreiteten Typ dar und markiert nicht selten eine große zeitliche Lücke (Hiatus), in der sich Verstellung, Hebung und Abtragung vollzogen haben. Anhand derartiger Diskordanzen läßt sich das Alter der tektonischen Deformation (z.B. Faltungsphase) der älteren Schichtfolge abschätzen.

Die unter 2) und 3) dargestellten Sedimentationsunterbrechungen (Erosionsdiskordanzen) hängen im wesentlichen von der Intensität der Hebungsbewegungen ab. Durch geringe Bewegungen des Untergrundes können einzelne Bereiche des Meeresbodens zeitweilig oberhalb des Sedimentationsniveaus liegen, also von Sedimenten unbedeckt bleiben, und einer Abtragung durch Bodenströmung oder Wellenbewegung unterliegen. Schichtlücken geringeren Ausmaßes (<u>Diasteme</u>) sind in der Regel die Folge. - Bei einer Heraushebung des älteren Gesteinskomplexes über den Meeresspiegel kann eine langandauernde Verwitterung und Abtragung unter kontinentalen Bedingungen einsetzen, wobei sich durch allmähliche Einebnung eine mehr oder weniger ebene <u>Landoberfläche</u> (<u>Fastebene</u>, engl. peneplain) herausbildet. Diese Fastebene bildet die Diskontinuitätsfläche, auf der sich später kontinentale oder (nach erneuter Absenkung unter den Meeresspiegel) marine Sedimente ablagern können.

Hebungen und Senkungen dieser Art (<u>epirogene Bewegungen</u>) sind zumeist mit leichten Kippungen der bewegten Schol-

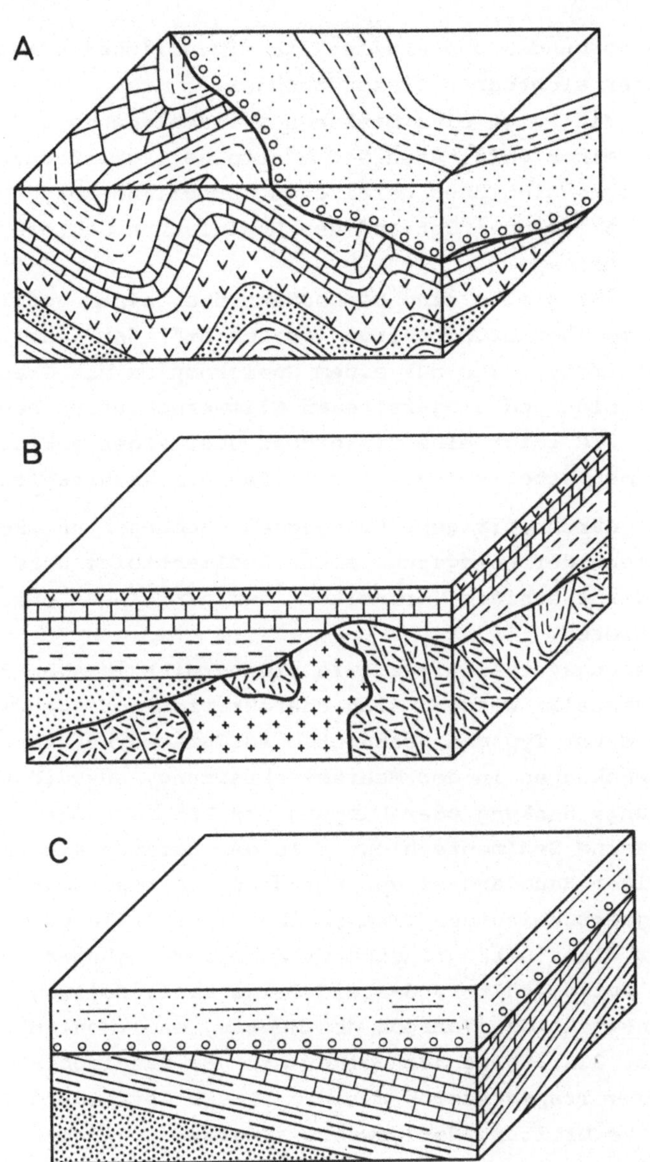

Abb. 31   Transgressionsdiskordanzen; (A) über gefalteter
           Sedimentfolge, (B) über metamorphem Grundgebirge,
           (C) über gekippter Sedimentscholle

len verbunden und stellen die eigentlichen Ursachen der
später sichtbaren Diskordanz dar.
Abb. 31A zeigt eine Diskordanz flachlagernder Sedimente
über einer gefalteten Sedimentfolge (vgl. Zechstein-
transgression über gefaltetem Variszikum am Südrand
des Harzes oder Ostrand des Rheinischen Schieferge-
birges).
Abb. 31B stellt eine Diskordanz über einem gefalteten
metamorphen Grundgebirge ("Basement") dar (engl. nonconformity), das aus einem Gneiskomplex mit Granit-
intrusion und eingefalteten Glimmerschiefern besteht.
Abb. 31C zeigt eine Diskordanz über einer gekippten
Sedimentscholle (vgl. Juraserien des Wesergebirges).

4) wenn durch epirogene Bewegungen (Hebungen und Senkungen)
   während der Ablagerung einer Sedimentfolge Unterschiede
   in der flächigen Verbreitung der einzelnen Schichten
   auftreten.
   Lagerungsverhältnisse, wie sie bereits in Abb. 31C
   dargestellt wurden, sind charakteristisch für Flach-
   meere vom Typ des norddeutschen Jurameeres. Kurzzeitige
   Schwankungen in der Meeresverbreitung, ausgelöst durch
   Hebung, Senkung oder Kippung des Untergrundes, lassen
   einzelne Sedimentschichten in der Horizontalen auf
   kleinem Raum auskeilen. Die dabei auftretenden Schichtungserscheinungen sind in Abb. 32 skizziert: Greifen
   über einer Diskontinuitätsfläche immer jüngere Schichten auf die ältere Gesteinsfolge über, so liegt eine
   Transgression (Vorstoß des Meeres, engl. onlap) vor
   (Abb. 32A). Wird nach einer mit der Basalschicht voll-
   zogenen Transgression auf die ältere Gesteinsfolge
   die Verbreitung der jeweils jüngeren Schichten geringer,
   so liegt eine Regression (Rückzug des Meeres, engl.
   offlap) vor (Abb. 32B).

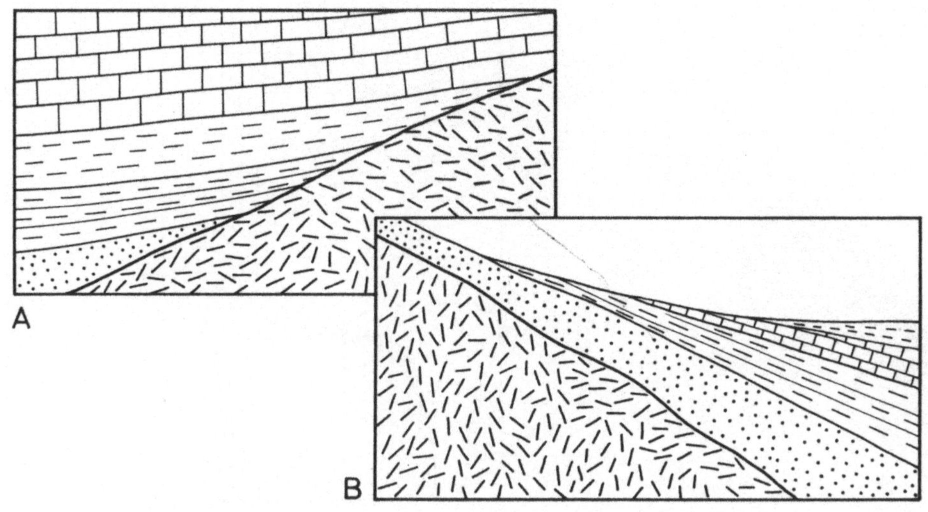

Abb. 32   Schichtungserscheinungen bei (A) Transgression
und (B) Regression

5.2   Intrusionsdiskordanzen

Intrusionsdiskordanzen treten auf, wenn eine Gesteinsfolge
von einem anderen Gesteinskörper diskordant zu ihren Flächen-
gefügen (z.B. Schichtflächen oder Begrenzungsflächen) durchdrungen wird. Diese Erscheinung setzt voraus, daß sich der
eindringende Gesteinskörper zum Zeitpunkt seiner Intrusion
noch in plastischem oder flüssigem Zustand befand. Nicht
selten erfolgt die Intrusion auf tektonischen Flächen (z.B.
Kluft- oder Störungsflächen).

Abb. 33A zeigt eine muldenförmig deformierte Sedimentfolge,
die von einem magmatischen Gestein (z.B. Diabasstock) durchsetzt ist, von dem Abzweigungen (Apophysen) nahezu schicht-
parallel in die Sedimente hineinreichen. - Erscheinungen dieser Art sind bezeichnend für intrusive Körper vulkanischer
oder plutonischer Gesteine (Plutone, Subvulkane, Stöcke,
Gänge). Auch magmatische Erzkörper (z.B. Magnetiterze vom
Rif-Typus) können in ähnlicher Weise das Nebengestein durch-

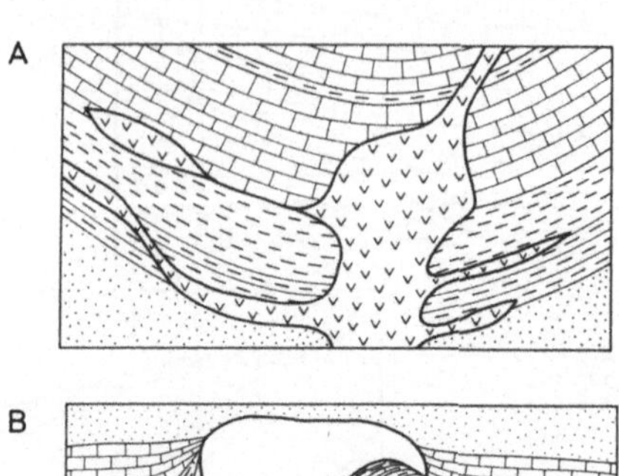

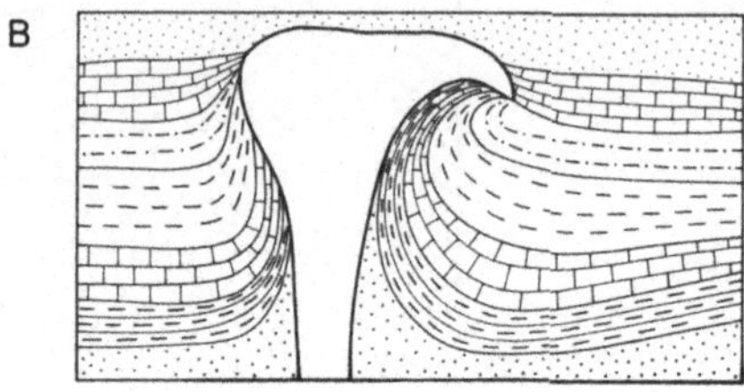

Abb. 33   **Intrusionsdiskordanzen; (A) magmatische Intrusion,**
          (B) Salzintrusion

setzen. Als Nebengestein können Sedimente, Magmatite (einer
älteren Generation) oder Metamorphite auftreten. Stets ist
das intrudierende Gestein jünger als das durchdrungene
Gestein.

Vergleichbare Intrusionen können sich auch bei metamorphen
Prozessen entwickeln, wenn z.B. im Verlaufe der Metamorphose
einzelne Partien so stark mobilisiert werden, daß sie in
benachbarte Gesteinskörper eindringen (z.B. metasomatische
Reicherze in Quarzbändererzen des Präkambriums). Ebenso
verlaufen Umwandlungsfronten (z.B. Gneisfronten) diskordant
zum bestehenden Flächengefüge. Abb. 33B zeigt in einem Profil den Sonderfall der Intrusion eines Salzstockes (z.B.
in Norddeutschland). Salzgesteine unterliegen bereits bei
einer geringmächtigen Überdeckung von einigen hundert Metern
Gestein einem Schwereauftrieb, d.h. sie beginnen in höhere
Krustenbereiche aufzusteigen, indem sie unter der Auflast
des Deckgebirges plastisch fließend bevorzugt an Bruchzonen
aufsteigen. Dabei werden die Hangendschichten in Aufstiegs-

richtung verbogen (geschleppt). Das <u>Salzgestein</u> des Stockes
(oder abgepreßter Teile eines Stockes: z.B. Salzkissen)
ist stets <u>älter als das durchdrungene Hangendgestein.</u>

5.3   <u>Tektonische Diskordanzen</u>

Zu den tektonischen Diskordanzen zählen im allgemeinsten
Falle alle Störungsflächen (Verwerfungen, Überschiebungen),
an denen Gesteinsschollen relativ zueinander bewegt und
verstellt werden, so daß der primäre Schichtverband gestört
wird. Sie sind das Ergebnis einer mechanischen bruchhaften
Verformung (vgl. Abb. 2).

5.4   <u>Analyse der relativen Altersabfolge mit Hilfe von</u>
<u>Diskontinuitäten</u>

Untersuchungen an Diskontinuitätsflächen haben eine besondere
Bedeutung bei der geologischen Rekonstruktion des Werdeganges
eines Gebirges oder einer Gebirgseinheit. Aufgrund der in
Kap. 5.1 - 5.3 dargestellten Beziehungen zwischen Sedimentation und tektonischen, magmatischen sowie metamorphen Vorgängen geben die Diskontinuitäten eine Unterbrechung der
kontinuierlichen Gesteinsbildung an. Diese Unterbrechung läßt
sich in ihrer Zeitlichkeit relativ zu den Gesteinskomplexen,
die durch Diskontinuitäten getrennt werden, festlegen. So
ist der Zeitpunkt einer beginnenden Transgression durch die
stratigraphische Stellung der ältesten Transgressionsschicht
bestimmt, während das Mindestalter eines tektonischen Vor-
ganges durch die stratigraphische Stellung der jüngsten mit-
deformierten Schicht festgelegt ist.

Abb. 34 stellt in einem Profil ein theoretisches Beispiel einer
komplexen Gesteinsabfolge dar, die von tektonischen Vorgängen,
Transgressionen und magmatischen Intrusionen betroffen wurde. Es ergibt sich daraus die folgende relative Altersfolge
der ohne stratigraphische Detailkenntnisse analysierbaren
Vorgänge:

   1) In ein kristallines Grundgebirge (1) sind Sedimente
      (z.B. Glimmerschiefer) eingefaltet (2). Eine Granit-

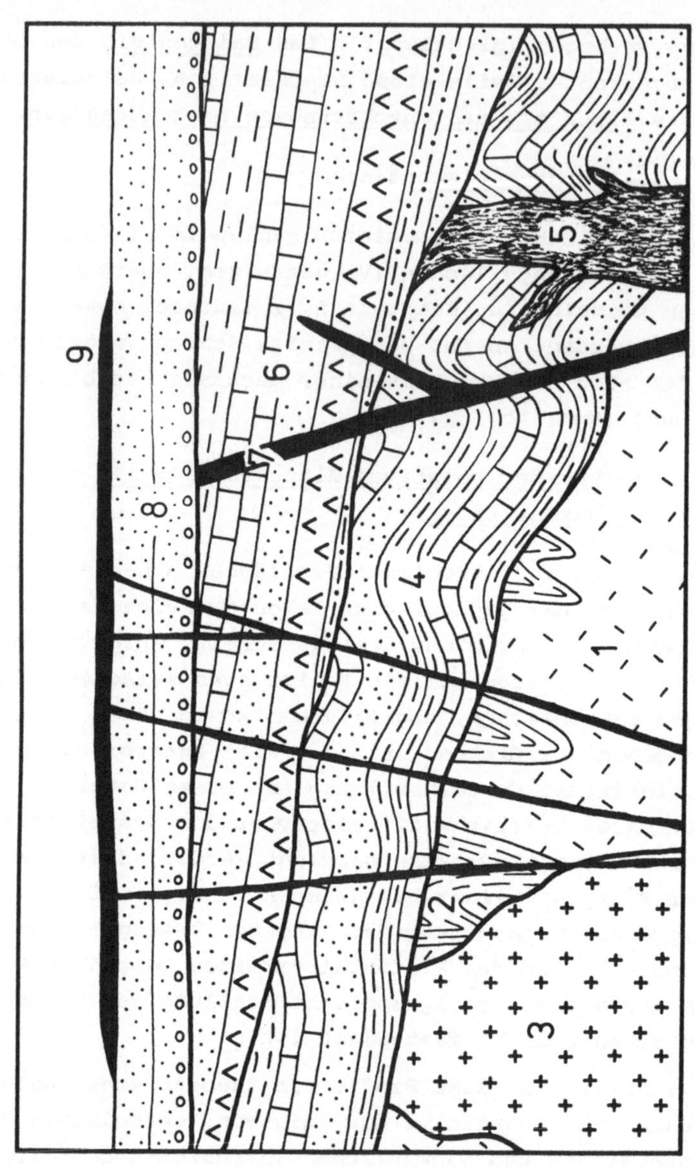

Abb. 34   Theoretisches Beispiel zur Bestimmung der relativen Altersabfolge mit Hilfe von Diskontinuitäten (vgl. Kap. 5.4)

54

intrusion (3) durchdringt beide Gesteinsfolgen.

2) Über einer Transgressionsdiskordanz lagerte sich eine
   Sedimentserie (4) ab, die anschließend gefaltet wurde,
   und zwar mit einer in der ehemaligen Transgressions-
   richtung (nach links) ausklingenden Faltungsintensität
   (Anfaltung).

3) Eine stockförmige Diabasintrusion (5) hat das Grundgebirge und die jüngere Sedimentfolge durchdrungen,
   wird aber durch die darüberliegende 2. Transgressions-
   fläche abgeschnitten.

4) Über dieser Diskontinuitätsfläche kommt es zu einer
   erneuten Ablagerung von Sedimenten (6), die durch
   epirogene Vorgänge gekippt wurden.

5) Ein Basaltgang (7) durchdringt alle bisherigen Einheiten, wird jedoch selbst von der 3. Transgressionsflä-
   che geschnitten.

6) Mit einem Basalkonglomerat beginnt eine horizontale
   Schichtfolge (8), die ihrerseits wieder von einem
   Basalt durchdrungen und schließlich in Form eines
   Ergusses (9) überlagert wird. Dieser Basalt (z.B.
   Plateaubasalt) ist die jüngste Gesteinsbildung der
   Abfolge.

6.   <u>Lineare</u>

Unter linearen Elementen versteht man Strukturelemente in
geologischen Körpern, die als Linien meßbar oder darstell-
bar sind. Sie verlaufen gerade, gebogen oder gestaffelt
mit einer Längserstreckung von Millimetern bis Kilometern.

Wenn von Großlinearen oder Lineamenten, die hier nicht be-
handelt werden, abgesehen wird, unterscheidet man durch-
dringende Lineare, die z.B. in einer Schicht liegen, von
nicht-durchdringenden, die auf den flächigen Elementen verlaufen. Eine dritte Gruppe bilden die nur konstruierbaren
(nicht direkt meßbaren) Lineare, die von einigen Autoren von
dem Begriff "Linear" (engl. lineation) ausgeschlossen werden.

Nach ihrer Entstehung lassen sich die Lineare in 6 Gruppen
einteilen:

1) <u>Sedimentäre Lineare:</u> Als sedimentäre Lineare bezeichnet
   man gerichtete Gefüge, die während der Ablagerung in
   der Schicht oder nach Ablagerung auf der Schichtfläche
   durch Strömungen entstehen. Sie gestatten es, Strömungs-
   richtungen zu rekonstruieren, z.T. auch, als geopetale
   Gefüge, die Lagerungsverhältnisse zu bestimmen (vgl.
   Kap. 4.1.1). Schichtinterne Lineare treten bei der
   Einregelung von langgestreckten Mineralkörnern, Tier-
   gehäusen und Pflanzenteilen auf. Rippelmarken und
   Schleifmarken bilden sedimentäre Lineare auf Schichtflächen.
   Zu den sedimentären Linearen rechnet man auch Furchen,
   die beim Fließen von Eismassen auf dem Untergrund entstehen (Gletscherschrammen). Mit ihnen kann man die
   Fließrichtung des Eises festlegen. Dieser Lineartyp
   ist jedoch nicht nur an einen sedimentären Untergrund
   gebunden.

2) <u>Eingeregelte Kristalle:</u> Längliche Kristalle in Magmatiten und Metamorphiten können lineare Gefüge abbilden, wenn sie mit ihrer Längsachse eingeregelt sind
   (vgl. Abb. 35A). Sie sind selten mit dem Kompaß ein-

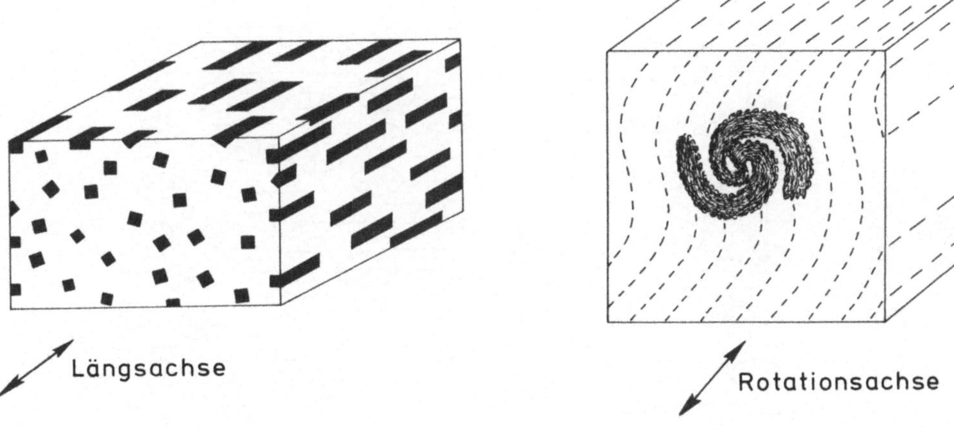

<u>Abb. 35</u>   Einregelung von Kristallen; (A) mit den Längsachsen,
(B) mit der Rotationsachse (z.B. "Schneeballgranat")

meßbar; meist muß die Richtung unter dem Mikroskop bestimmt werden. Lineare Einregelung frühausgeschiedener
Kristalle in Magmatiten können bei Fließvorgängen im
Magma auftreten. Entsprechendes gilt auch für Gasblasen,
die sogenannte Blasenzüge bilden. Während metamorpher
Vorgänge kann im Zuge einer gleichzeitigen Deformation
eine geregelte Neubildung bzw. Umbildung (z.B. Einregelung der Längsachse von Quarzkristallen) erfolgen. Als
Folge der Deformation können Kristalle während des metamorphen Wachstums auch gedreht werden (z.B. "Schnee-
ballgranate", vgl. Abb. 35B). Die Rotationsachse stellt
ebenfalls ein einmeßbares Linear dar.

3) <u>Deformierte Fossilien und Gerölle:</u> Infolge einer mechanischen Beanspruchung können Aggregate wie z.B. Gerölle
oder Fossilien gestreckt werden. Die daraus resultieren-
de Längsrichtung stellt ein lineares Gefüge dar (vgl.
Abb. 36).

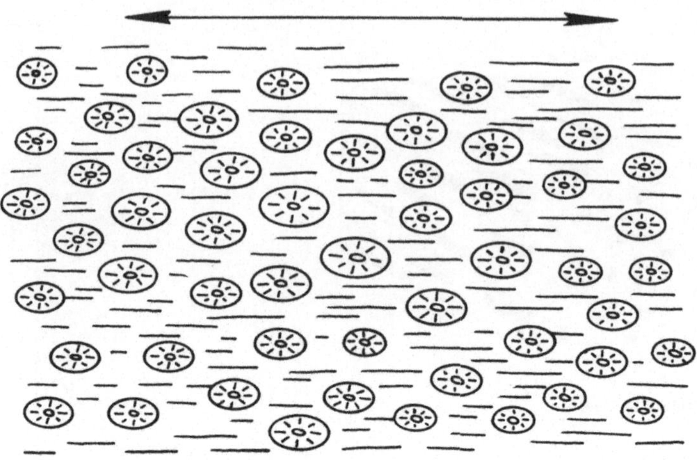

Abb. 36   **Deformierte, eingeregelte Fossilien** am Beispiel
von Crinoidenstielgliedern (Seelilien)

4) <u>Bewegungslinien</u>: Bewegungslinien sind Rillen und Furchen
auf Flächen, entlang derer sich aneinander grenzende
Gesteinsfolgen bewegt haben. Sie entstehen durch Unebenheiten auf der Bewegungsfläche, wie z.B. durch größere
Mineralkörner. Von besonderer Bedeutung sind Furchen oder
Wülste, die auf Störungsflächen entstehen und als Harnisch (engl. slickensides) bezeichnet werden. Durch ihren
Verlauf kann man die Richtung der letzten Bewegung auf
diesen Flächen erkennen (vgl. Abb. 37A). Nicht selten
entstehen während der Gleitbewegungen kleine Abrißkan-
ten (engl. escarpments), aus denen der relative Bewegungssinn abgeleitet werden kann (vgl. Abb. 37B).

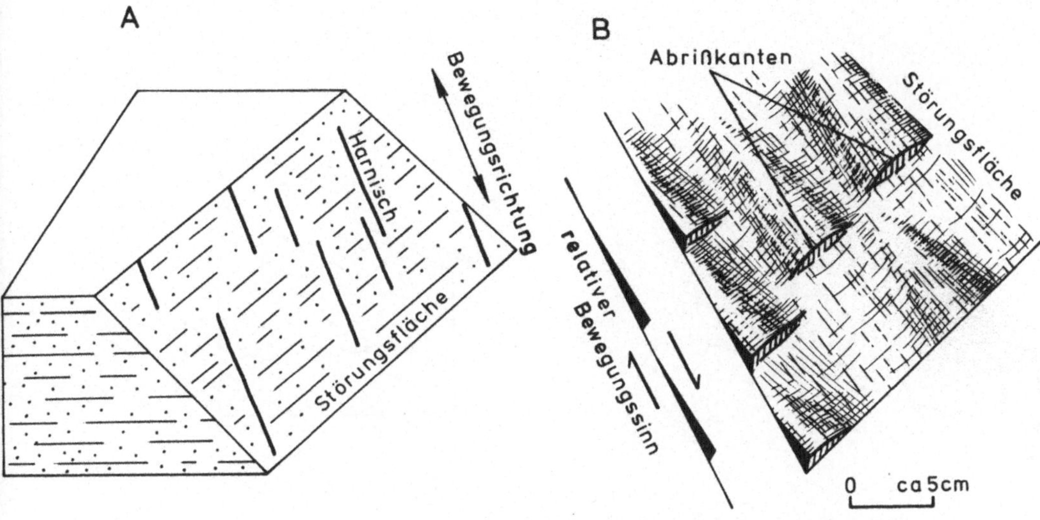

Abb. 37   Harnisch (Rutschstreifen) auf Störungsflächen;
(A) als Anzeichen der Bewegungsrichtung, (B) Ab-
rißkanten als Anzeichen des relativen Bewegungs-
sinnes

5) <u>Kreuzlinien</u>: Eine Kreuzlinie ist die Schnittlinie
zweier sich schneidender Flächen (vgl. Abb. 38A). Die
Schnittkanten zweier gleichwertiger Flächen - z.B.
Schichtflächen - bezeichnet man als ß-Achsen (beta-
Achsen); Schnittkanten ungleichwertiger Flächen -
z.B. von Schichtung und Schieferung - werden δ -Achsen
(delta-Achsen) genannt. Eine besonders wichtige Kreuzlinie dieser Art ist die Schnittkante von Schichtung
und Schieferung, die etwa parallel zur Faltenachse
verläuft (siehe Gruppe 6 und Kap. 7).

6) <u>Achsen</u>: Achsen stellen aas wichtigste Strukturelement
in bruchlos deformierten Körpern dar. Sie entstehen
bei der Verbiegung und Störung von flächigen Gesteinskörpern (Faltenachsen, siehe Kap. 7.2) und können viele Kilometer lang sein. Im allgemeinen sind sie nicht

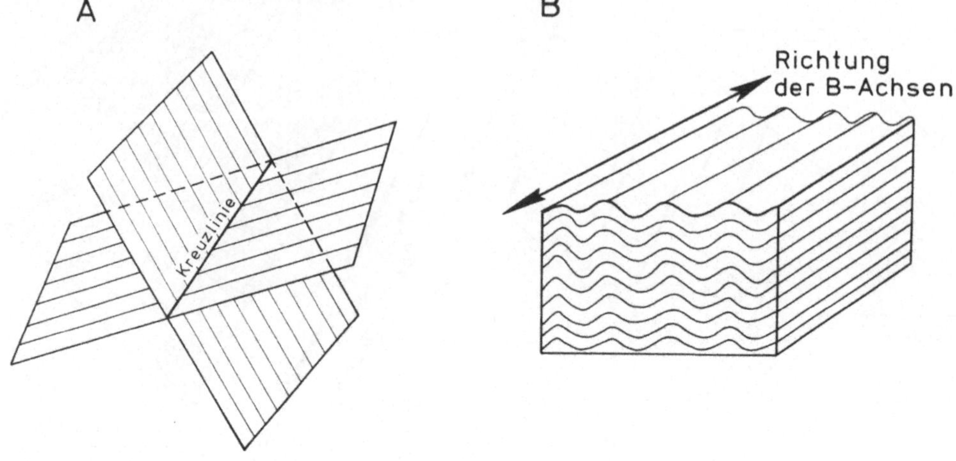

<u>Abb. 38</u>   (A) **Kreuzlinie** (Schnittkante zweier Flächen);
(B) Spezialfalten mit meßbaren B-Achsen

direkt meßbar und gehören damit zur Gruppe der zu
konstruierenden Lineare. Es gibt a-, b- und c-Achsen;
b-Achsen entsprechen der Faltenachse. Lediglich Achsen
sehr kleiner Falten, z.B. bei Spezialfaltung, Knitterung oder Runzelung (engl. crenulation), können direkt mit dem Kompaß bestimmt werden. Sie werden B-
Achsen genannt (vgl. Abb. 38B).

7.   Falten

7.1   <u>Definitionen</u>

Falten sind Verbiegungen von Gesteinen mit Lagengefüge
(Sedimente oder gebänderte Magmatite/Metamorphite), die durch
überwiegend bruchlose Verformung als Folge mechanischer Beanspruchung (überwiegend Pressung) entstehen. Die beanspruchen-
den Kräfte sind tangential, radial und/oder vertikal. Die
Falten reichen in ihren Dimensionen vom Millimeter- bis
Kilometerbereich.

Faltenähnliche Strukturen (Pseudofalten) können auch durch
Fließbewegungen von unverfestigten Sedimenten, Eis, Magmen
usw. oder Quellungen von Salz, Gips, Ton usw. gebildet werden.

Nach ihrer Entstehung (<u>Genese</u>) können folgende Faltentypen
unterschieden werden:

1) <u>Biegefalten:</u> Biegefalten entstehen durch tangential
   angreifende Kräfte, die in Richtung der einwirkenden
   Kraft zu einer Verkürzung führen (vgl. Abb. 39A).
   Dabei treten Gleitbewegungen auf den Schichtflächen
   auf (<u>Biegegleitung</u>).

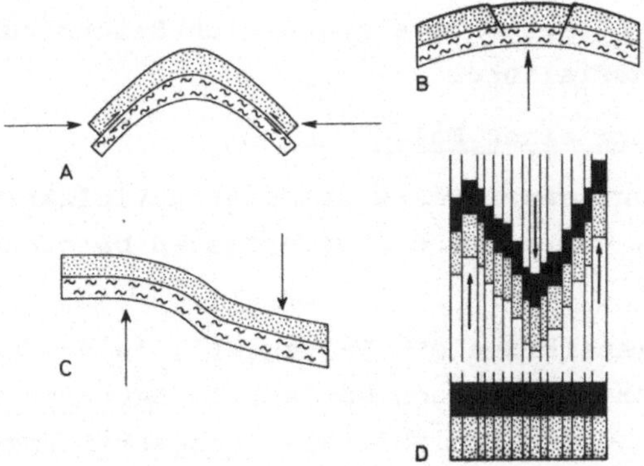

<u>Abb. 39</u>   Klassifikation von Faltentypen nach ihrem Verformungs-
             stil; (A) Biegefalte, (B) Beule, (C) Flexur (Monokline),
             (D) schematische Scherfalte

2) <u>Beulen</u>: Beulen entstehen bei der Einwirkung vertikaler
   oder radialer Kräfte, die z.B. aus dem Aufstieg von
   Magmen oder Salz resultieren können (vgl. Abb. 39B).
   Im Gegensatz zur Biegefaltung findet keine horizontale
   Verkürzung statt; der Verbiegeeffekt beruht auf Deh-
   nung und Zerbrechung.

3) <u>Flexur</u> (Monokline): Die Flexur ist eine S-förmige Verbiegung (vgl. Abb. 39C). Sie entsteht aus einem vertikalen Kräftepaar mit entgegengesetzter Wirkungsrichtung.
   Flexuren können bei zunehmender Beanspruchung in Brüche
   übergehen. Analog zu den Beulen wird die Verbiegung
   durch Dehnung hervorgerufen. Eine horizontale Verkürzung
   tritt nicht auf.

4) <u>Scherfalten</u>: Durch Scherkräfte kann in einem Gesteinskomplex ein engständiges System von Bewegungsflächen
   auftreten. Gleitungen an diesen Flächen rufen Scherfalten hervor, deren Richtungen parallel zur Flächen-
   schar verlaufen. Das bei diesem Vorgang <u>passiv</u> entste-
   hende Faltenbild beruht auf unterschiedlichen Bewegungs-
   beträgen und Bewegungsrichtungen. Ehemals gerade Strukturen erhalten einen gebogenen Verlauf (vgl. Abb. 39D).
   Im Gegensatz zu Biegefalten sind Scherfalten nicht
   "abwickelbar".

In der <u>Biegescherfalte</u> vereinigen sich Erscheinungsformen der
Biege- und Scherfaltung.

7.2   <u>Elemente einer Falte</u>

Zur Beschreibung einer Falte steht eine Vielzahl von Begriffen
zur Verfügung, von denen die wichtigsten besprochen werden
(vgl. Abb. 40).

1) <u>Sattel</u> (Antiklinale): Faltenteil, in dem Schichten nach
   oben (konvex) gebogen wurden. Im <u>Sattelkern</u> treten die
   ältesten Schichten auf. Als <u>Luftsattel</u> bezeichnet man
   eine Sattelstruktur, deren Umbiegung durch Erosion abgetragen wurde.

2) <u>Mulde</u> (Synklinale): Faltenteil mit nach unten (konkav)
   gebogenen Schichten. Der <u>Muldenkern</u> enthält die jüngsten
   Ablagerungen.

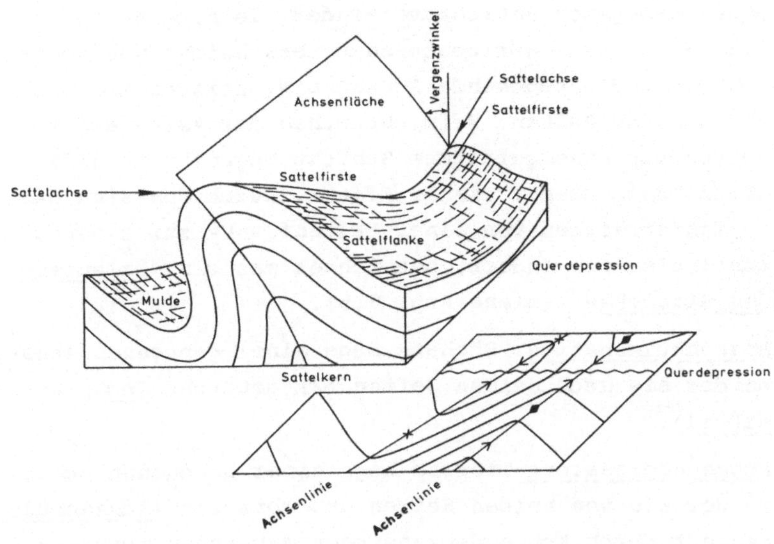

Abb. 40   Elemente einer Falte. Erl. siehe Kap. 7.2

Sattel und Mulde bilden zusammen die <u>Falte</u>. Entsprechend der
Stärke der Schichtverbiegung gibt es bei gleicher <u>Faltenlänge</u>
(Wellenlänge) tiefgründige und flachgründige Falten. Daneben
hängt die <u>Faltenhöhe</u> (Amplitude) von der Schichtmächtigkeit
ab. Dünne Schichten werden enger, dicke Schichten weitläufiger
und höher verfaltet ("<u>Gesetz der Stauchfaltengröße</u>"). Für
viele Falten sind Verdickungen der Faltenumbiegungen typisch
(Materialtransport in Richtung der größten Auslängung bei
der Faltung).

3) <u>Sattel- bzw. Muldenflanke</u> (-flügel oder -schenkel):
   Sättel und Mulden werden durch Flanken miteinander verbunden. In vielen Fällen sind die Flanken ausgedünnt
   (<u>Schenkelreduktion</u>). Das fehlende Material ist während
   der Faltung in die Faltenumbiegungen abgewandert.

4) <u>Faltenachse:</u> Linie, die die Punkte stärkster Krümmung
   einer gebogenen Schicht verbindet. Je nach Lage der
   Faltenachse zur Horizontalen unterscheidet man horizontale und abtauchende Achsen bzw. horizontale und
   abtauchende Falten. Beim Abtauchen der Faltenachse
   durchsetzt eine gefaltete Schicht bogenförmig jede
   horizontale Ebene. Dieser Effekt, durch den sich das
   Schichtstreichen von einer Faltenflanke zur anderen
   kontinuierlich ändert, bezeichnet man als "<u>Umlaufen-
   des Streichen</u>" (siehe Kap. 7.5).

5) <u>Achsenkulmination:</u> Höchste Lage einer gebogenen Achse,
   an der sie nach beiden Seiten hin abtaucht (<u>Achsen-
   sattel)</u>.

6) <u>Achsendepression:</u> Tiefste Lage einer gebogenen Achse,
   zu der sie von beiden Seiten aus abtaucht (<u>Achsenmulde</u>).
   Bedingt durch Achsendepressionen entstehen quer zur
   Faltenachse Eindellungen in den Faltenflanken (<u>Querde-
   pression</u>).

7) <u>Achsenrampe:</u> Verbindungslinie mehrerer nebeneinander-
   liegender Achsendepressionen oder -kulminationen.

8) <u>Achsenebene:</u> Hypothetische Fläche, in der die Achsen
   jeder gefalteten Schicht innerhalb einer Falte liegen.
   Ist die Achsenebene gebogen, so nennt man sie <u>Achsen-
   fläche</u>.

9) <u>Achsenlinie:</u> Schnittspur der Achsenebene mit der Projektionsebene.

10) <u>Vergenz:</u> Kipprichtung einer Falte (Richtung des Faltungs-
    druckes). Bei vergenten Falten ist die Achsenebene in
    Druckrichtung geneigt, d.h. der vergente Flügel ist
    steiler als der Gegenflügel (z.T. überkippt). (Die
    Falte in Abb. 40 ist nach links vergent). Als <u>Vergenz-
    winkel</u> bezeichnet man den Winkel zwischen Achsenebene
    (bzw. -fläche) und der Vertikalen.

11) <u>Sattelfirste:</u> Verbindungslinie der höchsten Punktlagen
    einer Falte. Bei senkrechten Falten (mit vertikaler
    Achsenebene) sind Sattelfirste und Sattelachse identisch.

7.3   Faltentypen

Frei von genetischen Deutungen besteht eine Reihe von Begriffen, um die verschiedenen Faltentypen zu beschreiben. Kriterien dafür sind Symmetrie, Lage von Achsenebene und Faltenachse sowie Form der Falte.

7.3.1   Symmetrie

Bezogen auf ein 3-achsiges Koordinatensystem mit den Achsen a (Richtung des tektonischen Transportes bzw. gefügeformende Bewegungsrichtung), b (Deformationsachse bzw. Faltenachse) und c (Scheitelachse bzw. Richtung größter Auslängung) unterscheidet man Falten mit rhombischer, monokliner und trikliner Symmetrie (vgl. Abb. 41 A-C).

Bei <u>rhombischer</u> Symmetrie (<u>symmetrische Falte</u>) treten zwei senkrecht zueinander stehende Symmetrieebenen auf.

<u>Monokline</u> Symmetrie besteht bei Falten mit einer Symmetrieebene senkrecht zur Faltenachse (z.B. schiefe, überkippte oder abtauchende Formen).

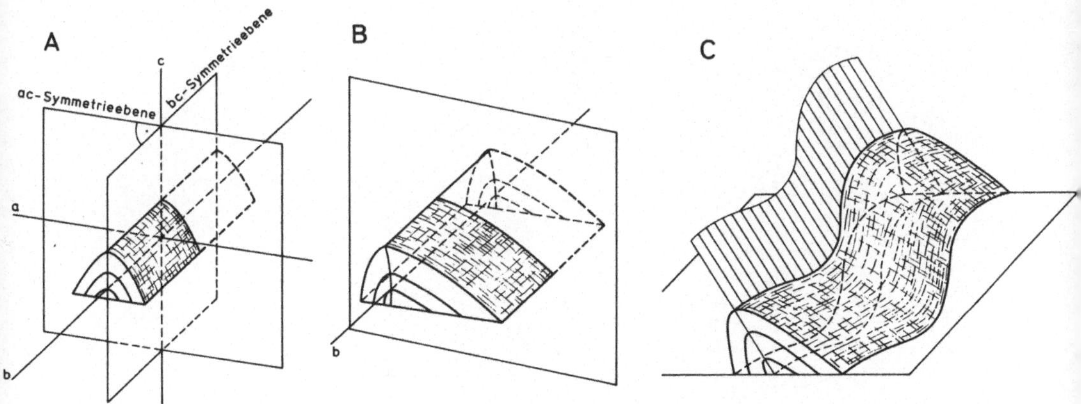

<u>Abb. 41</u>   Klassifikation von Faltentypen nach ihrer Symmetrie; (A) Rhombische (symmetrische) Falte, (B) Monokline (asymmetrische) Falte, (C) Trikline (asymmetrische) Falte

<u>Trikline</u> Symmetrie herrscht bei Falten mit stark verbogenen
Achsenflächen. Überwiegend handelt es sich um Formen, die
tektonisch mehrfach beansprucht wurden.

7.3.2 Lage von Achsenebene und Faltenachse

Die Lage der Achsenebene und Faltenachse ist ein weiteres
Kriterium zur Beschreibung von Faltentypen. Abb. 42A zeigt
eine <u>aufrechte</u>,symmetrische Falte, die mit zunehmender Neigung der Achsenebene über die Zwischenstadien <u>schiefe</u> (asymmetrische) Falte (vgl. Abb. 42B), <u>überkippte</u> Falte (vgl.
Abb. 42C) und <u>liegende</u> Falte (vgl. Abb. 42D) zu einer <u>ab-
tauchenden</u> Falte (vgl. Abb. 42E) wird. Die Faltentypen der
Abb. 42 B-E treten ebenfalls mit abtauchender Achse auf.

7.3.3 Faltenformen

Aufgrund der Faltenform unterscheidet man zwei übergeordnete
Gruppen:

1) <u>Konzentrische Falte</u> (engl. concentric fold): Faltentyp,
   dessen Schichten um eine gemeinsame Achse mit unter-

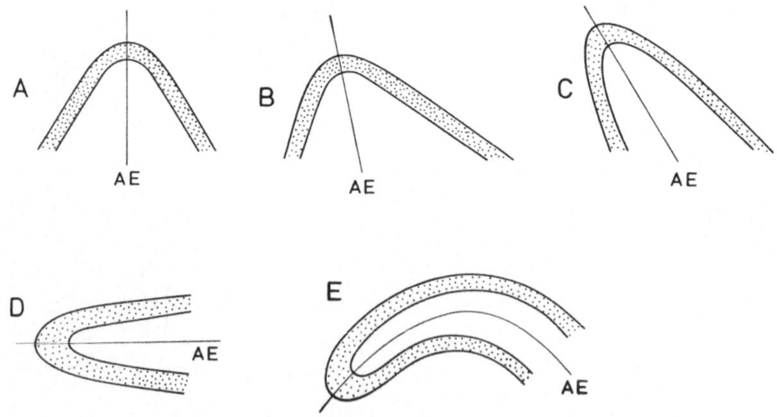

<u>Abb. 42</u>   Abhängigkeit des **Faltentyps** von der Lage der Achsen-
ebene (AE); (A) Aufrechte Falte, (B) Schiefe Falte,
(C) Überkippte Falte, (D) Liegende Falte, (E) Abtauchende Falte

schiedlichen Krümmungsradien gebogen sind. Eine Ver-
dickung der Faltenumbiegung bzw. Schenkelreduktion
tritt <u>nicht</u> auf (vgl. Abb. 43A). Der Ausdruck "Parallele
Falte", der von einigen Autoren noch angewandt wird,
sollte wegen möglicher Mißverständnisse nicht benutzt
werden.

2) <u>Kongruente</u> bzw. <u>ähnliche Falte</u> (engl. similar fold):
Faltentyp, dessen einzelne Schichten gleichartig (mit
dem gleichen Krümmungsradius) verbogen sind. Die Ähn-
lichkeit resultiert aus Unterschieden in der Schicht-
dicke und Bewegungen (Biegegleitung) an den Schichtflächen (vgl. Abb. 43B).

Die kongruente Falte ist die überwiegend auftretende Faltenform, während konzentrische Falten nur sehr selten - in aus-
gesprochen homogenen Sedimenten - gebildet werden.

Nach der Form der Falte - speziell der Ausbildung von Faltenschenkeln und Faltenscheitel - unterscheidet man eine Reihe
von Spezialformen (Die spezifische Ausbildung hängt überwiegend

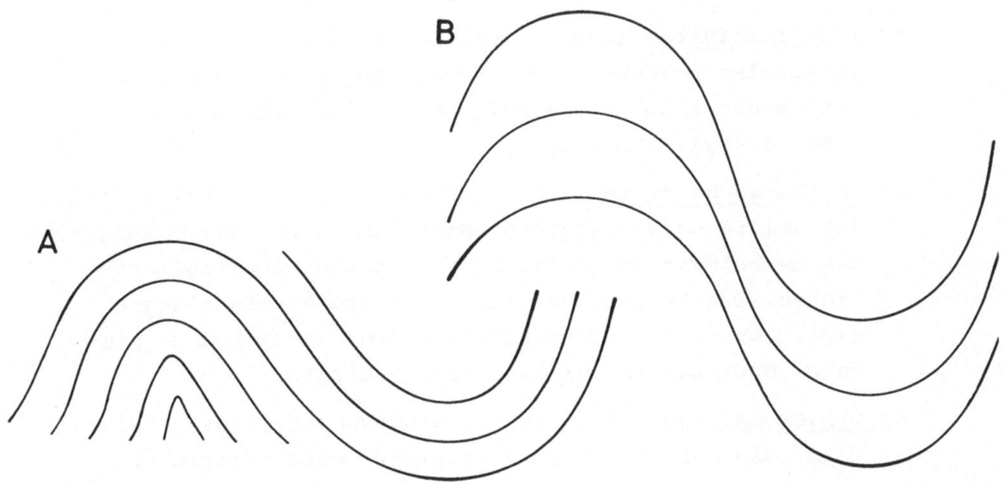

<u>Abb. 43:</u>   Klassifikation von Faltenformen nach ihrer Geo-
metrie; (A) Konzentrische Falte, (B) Kongruente
Falte

von den mechanischen Eigenschaften des zu faltenden Materials
und von Art und Richtung der Beanspruchung ab). Je nach Lage
der Faltenachse und Achsenebene können die Spezialformen sym-
metrisch (rhombisch) oder asymmetrisch (monoklin bzw. triklin)
ausgebildet sein.

1) **Kofferfalten** (engl. box folds): Falten mit steilen
   Schenkeln und breitem, flachem Scheitel (vgl. Abb. 44A).
   Diese Form ist u.a. aus dem Schweizer Jura beschrieben
   worden.

2) **Zickzack- bzw. Knickfalten** (engl. zig-zag folds bzw.
   chevron folds): Faltentyp mit spitzem Scheitel (Drei-
   ecksform). Die Form ist typisch für Kieselschiefer;
   regional tritt sie u.a. in den Kohlerevieren von
   Aachen, Belgien und den Appalachen auf (vgl. Abb. 44B).

3) **Fächerfalten** (engl. fan folds): Falten, deren Schenkel
   stärker als der Scheitel zusammengedrückt sind. Typisch
   u.a. für das Montblanc-Massiv (vgl. Abb. 44C). Bei
   noch stärkerer Einengung können aus dieser Form **Pilz-
   falten** entstehen. Dabei treten Scherbrüche an den Ach-
   senschenkeln auf (vgl. Abb. 44D).

4) **Isoklinalfalten** (engl. isoclinal folds): Falten mit
   parallelen Schenkeln, die durch sehr starke Einengung
   entstanden sind. Diese Form ist typisch für metamorphe
   Gebiete (vgl. Abb. 44E).

5) **Ptygmatische Falten** (engl. ptygmatic folds): Faltenform
   mit völlig unregelmäßigen Verdickungen und Verdünnungen,
   die unabhängig von Faltenschenkeln und -scheitel auftreten. Der Verlauf der Falte ist stark verschlungen
   (vgl. Abb. 44F). Ptygmatische Falten entstehen in tie-
   feren Erdkrustenbereichen (Grundgebirge).

6) **Disharmonische Falten** (engl. disharmonic folds): Faltenform, die bei der Verfaltung einer Gesteinsserie mit
   unterschiedlichen mechanischen Eigenschaften auftritt.
   In der Grauwacken-Tonschiefer-Wechsellagerung von Abb.
   44G wird die massige (**kompetente**) Grauwacke nur lang-

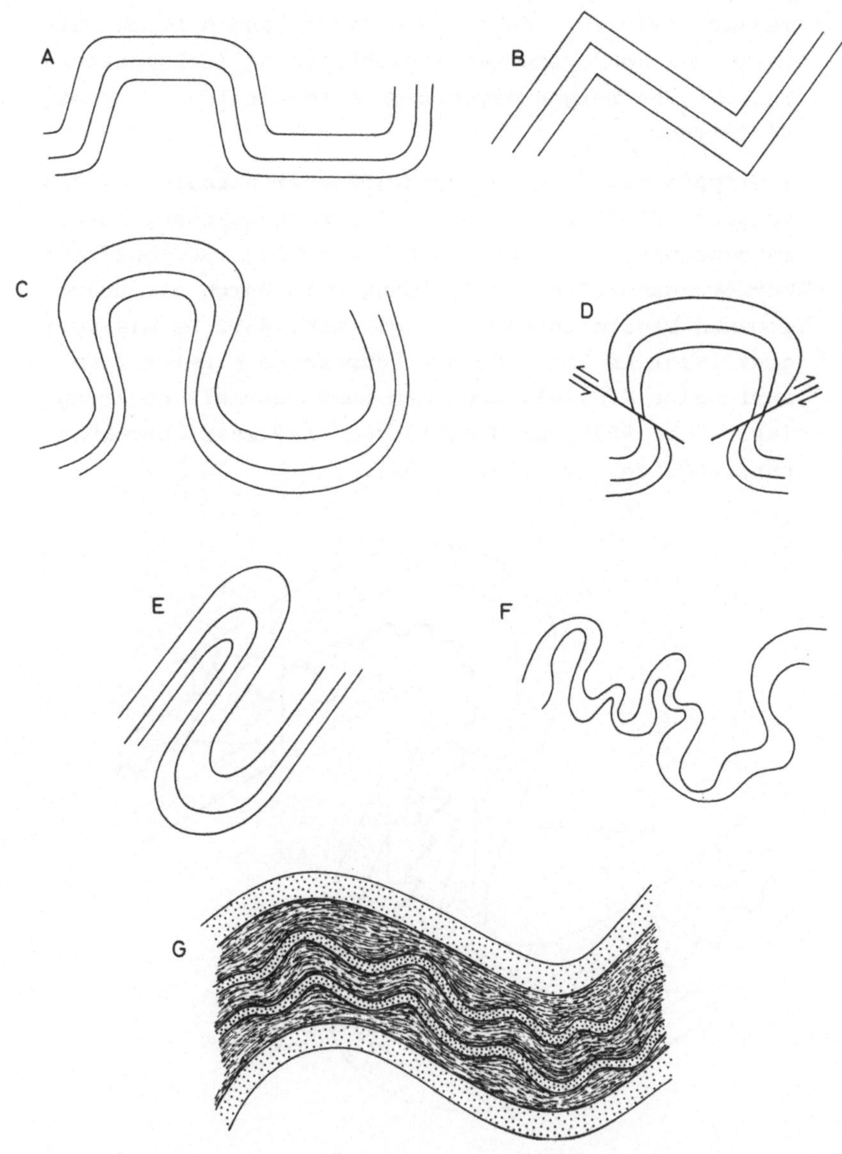

Abb. 44 Spezielle Faltenformen; (A) Kofferfalte, (B) Zickzack- bzw. Knickfalte, (C) Fächerfalte, (D) Pilzfalte, (E) Isoklinalfalte, (F) Ptygmatische Falte, (G) Disharmonische Falte

wellig verfaltet, da sie den einwirkenden Druck wei-
terleiten kann. Die mehr "plastischen" (inkompetenten)
Tonschiefer zeigen dagegen eine wesentlich engräumigere
Verfaltung.

7) Schleppfalten (engl. drag folds oder parasitic folds):
Vergente Kleinfalten, die durch Biegegleitung in der
inkompetenten Schicht einer Wechsellagerung entstehen.
Der Bewegungssinn der Gleitung wird durch die ausge-
zogenen Pfeile angegeben (vgl. Abb. 45). Da die Vergenz immer in Richtung des Hauptsattels zeigt (gestrichelte Pfeile), kann man damit normale Lagerung
(vgl. Abb. 45A) von überkippter (inverser) Lagerung
unterscheiden (vgl. Abb. 45B).

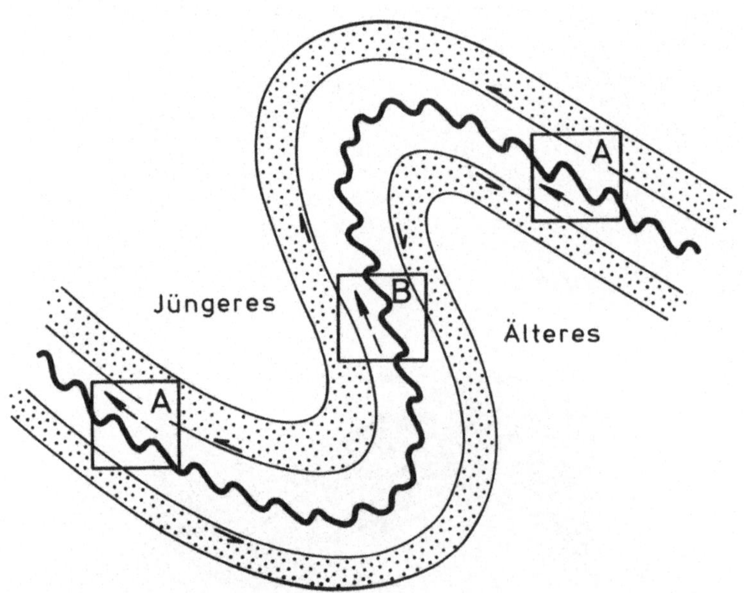

<u>Abb. 45</u>   Bestimmung der Lagerungsverhältnisse mit Hilfe
         von Schleppfalten; (A) Normale Lagerung, (B) In-
         verse Lagerung. Erl. siehe Kap. 7.3

7.4 Anordnung von Falten

Normalerweise treten Falten nicht vereinzelt, sondern in
Schwärmen auf. Parallel orientiert bilden sie Faltenstränge
oder ganze Faltengebirge, die gerade (z.B. Ural) oder gebogen (z.B. Karpathen) sein können. Virgationen (Teilung in
verschiedene Stränge) oder Scharungen (Vereinigung mehrer
Stränge zu einem Faltenstrang) sind aus vielen Faltengebirgen
bekannt.

Bei der tektonischen Gliederung derartiger Faltensysteme unterscheidet man Großmulden und Großsättel, bzw. Hauptmulden und
Hauptsättel, die jeweils aus einer Vielzahl von Falten aufgebaut sind. Unter einer Großmulde (Synklinorium) versteht
man eine Faltenanordnung, deren Faltenspiegel (Berührungs-
linie der Faltenumbiegungen) muldenartig verbogen ist. Analog bezeichnet man eine Faltenanordnung, deren Faltenspiegel
sattelartig verbogen ist, als Großsattel (Antiklinorium).
Vom Hauptsattel fällt der Faltenspiegel über die Spezial-
sättel zur Hauptmulde ab und steigt dann wieder auf. Je nach
Lage der Achsenebene spricht man von konvergenten oder di-
vergenten Synklinorien bzw. Antiklinorien (vgl. Abb. 46).

Im allgemeinen zeigen Faltengebirge eine deutliche Vergenz,
d.h. Faltungsrichtung - z.B. NW-Vergenz des Rheinischen Schie-
fergebirges - in deren Richtung die Faltungsintensität ab-
nimmt (ausklingende Faltung; vgl. Abb. 47). Neben diesen Faltengebirgen mit einseitiger Vergenz gibt es Gebirge mit einer
Scheitelzone im Zentrum, von der aus die Falten divergieren
(Doppelorogen, z.B. Pyrenäen).

Verlaufen die Faltenachsen eines Stranges parallel, dessen
Falten jedoch nicht geradlinig, sondern schräg zueinander
angeordnet sind, so spricht man von einer Staffelung. Die
Faltenanordnung selbst wird als Kulissenfalten oder Relais-
falten (engl. en echelon folds) bezeichnet. Charakteristisch
ist, daß die Richtung der Einzelfalte nicht mit der Richtung

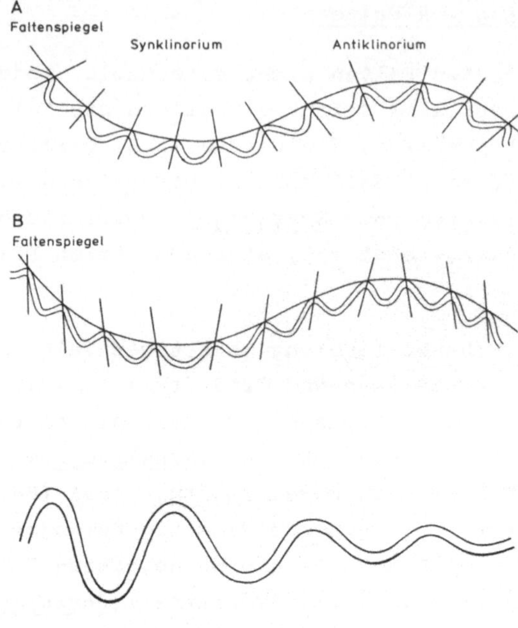

Abb. 46   Anordnung von Falten; (A) Konvergentes Synklinorium
und divergentes Antiklinorium   (Oben)
(B) Divergentes Synklinorium und konvergentes
Antiklinorium   (Mitte)
Abb. 47   Ausklingende Faltung   (Unten)

des Faltenstranges identisch ist (vgl. Abb. 48). En echelon
folds sind u.a. aus dem Präkambrium und Paläozoikum Austra-
liens beschrieben worden.

Im Salz bezeichnet man Falten mit nahezu senkrechter Achse
ebenfalls als Kulissenfalten. Dabei handelt es sich jedoch
um einen völlig anderen Faltungsstil als bei den en echelon
folds.

Aus vielen Gebieten der Erde (Alpen, präkambrisches Grundgebirge usw.) kennt man Faltenanordnungen mit sehr steilen
bis vertikalen Achsen. Diesen Baustil nennt man Schlingentektonik (vgl. Abb. 49).

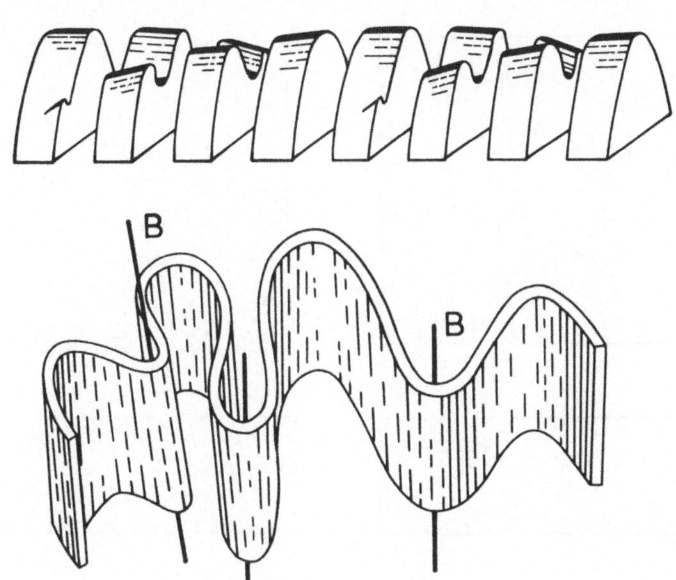

Abb. 48   "En echelon folds" (nach CAMPBELL 1958)   **(oben)**

Abb. 49   Schlingentektonik   **(unten)**

7.5   Darstellung von Falten

Eine symmetrische aufrechte Falte einer Schicht hat im
Horizontalriß bei beiden Flanken gleiche Ausstrichsbreite
(vgl. Abb. 50A). Bei vertikalen Isoklinalfalten ist die
Ausstrichsbreite mit der wahren Mächtigkeit identisch.
Vergente Falten mit horizontaler Faltenachse weisen unter-
schiedliche Ausstrichsbreite der Flanken auf (vgl. Abb. 50B).
Der vergente (steilere) Flügel hat einen geringeren Ausbiß
als die Gegenflanke. Während bei Falten mit waagerechter Achse die Schichten zueinander parallel verlaufen, tritt bei
abtauchenden Falten umlaufendes Streichen auf, d.h. die
Schnittlinien von Faltenflanken und Projektionsebene konvergieren in Richtung des Achsenabtauchens und schwenken im
Durchstoßpunkt der Achse ineinander ein.

Bei der Darstellung von Faltenstrukturen in Höhenlinienkarten
ist analog zu Kap. 4.3 der Einfluß der Morphologie zu berücksichtigen. Weiterhin sind einige Voraussetzungen zu machen,

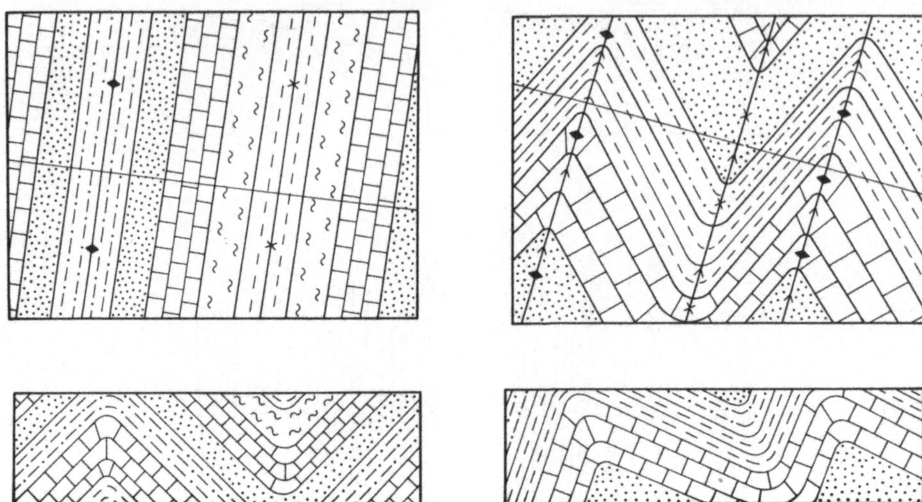

Abb. 50 Faltendarstellung im Horizontalriß;
(A) Symmetrische Falte, (B) Vergente Falten.
Erl. siehe Kap. 7.5

die z.T. jedoch durch Geländebefunde belegt werden können.
Es ist z.B. allein durch Konstruktion nicht möglich, Aussagen über die Form der Faltenumbiegung zu machen. In Abb.
51 und 52B sind Knickfalten dargestellt, jedoch könnten es
nach dem Verlauf der Flanken z.B. auch Koffer- oder Fächerfalten sein. Ebenfalls kann bei nur <u>einer</u> aufgeschlossenen
Schicht nicht entschieden werden, ob die Achsenfläche gerade
oder gebogen ist (In Abb. 52 wurde daher die Achsenfläche
als Ebene angenommen). Bei <u>Falten mit horizontaler Achse</u>
(vgl. Abb. 51) ist die Darstellung identisch mit der Konstruktion von Schichtausbissen. Da die Achsenfläche senkrecht steht, verhält sie sich wie eine saigere Schicht
(vgl. Abb. 23).

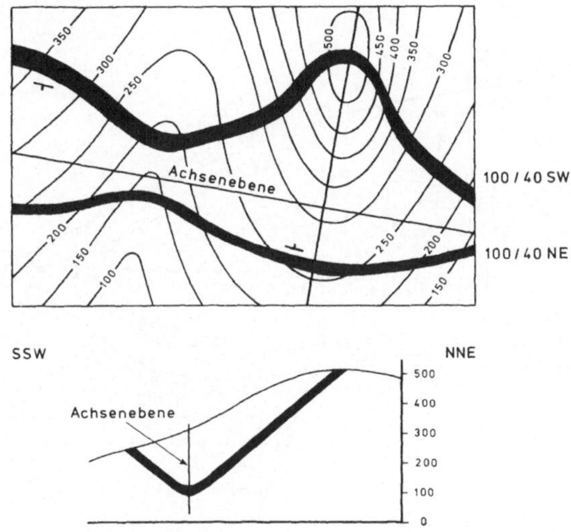

Abb. 51   Faltendarstellung in der Höhenlinienkarte;
Symmetrische Falte (Mulde). Erl. siehe Kap. 7.5

Abb. 52B stellt den Ausbiß einer **abtauchenden vergenten Falte**
dar; Abb. 52A erläutert den Konstruktionsgang:

In den Punkten 1 (110/40 NE, Hangendschicht) und 3 (110/40
NE, Liegendschicht) ist der Nordflügel; in 2 (80/32 SE,
Hangendschicht) und 4 (80/32 SE, Liegendschicht) der Südflü-
gel einer Falte im Gelände aufgeschlossen (vgl. Abb. 52A).
Es ist der Ausbiß der Falte und die als **eben** angenommene
Achsenfläche darzustellen.

Nach dem Schema von Kap. 4.3 wird der Ausbiß der Hangendschicht konstruiert. Der Schnittpunkt A der beiden Faltenflanken ist der Durchstoßpunkt der Faltenachse b_1 (im Beispiel 275 m über NN). Definitionsgemäß bestimmt man die
Streichrichtung eines Linears als Abweichung seiner Projektion von magnetisch Nord. (siehe Kap. 2.4). Als Bezugs-
fläche benutzt man in diesem Fall das 275 m-Niveau, da in
ihm der Achsendurchstoßpunkt liegt. Zusätzlich konstruiert
man in diesem Niveau (275 m) das Profil $\overline{BC}$ (Die Punkte B

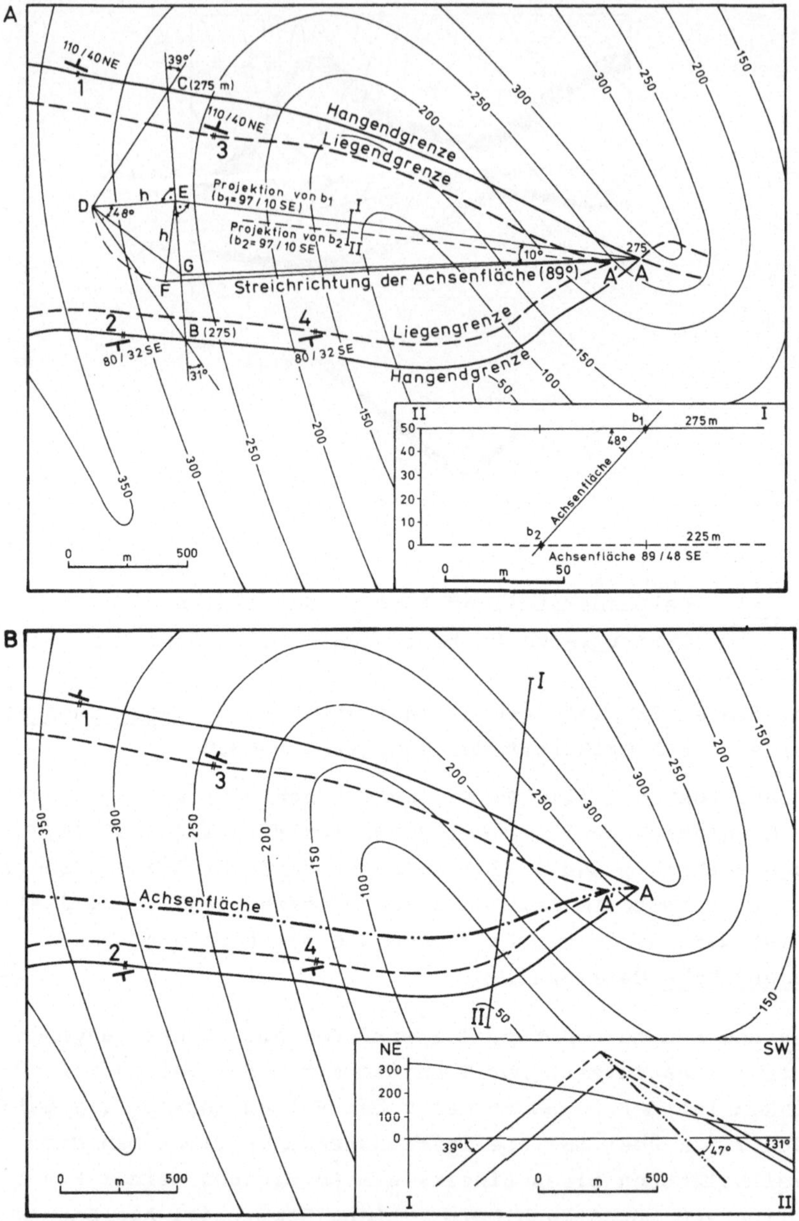

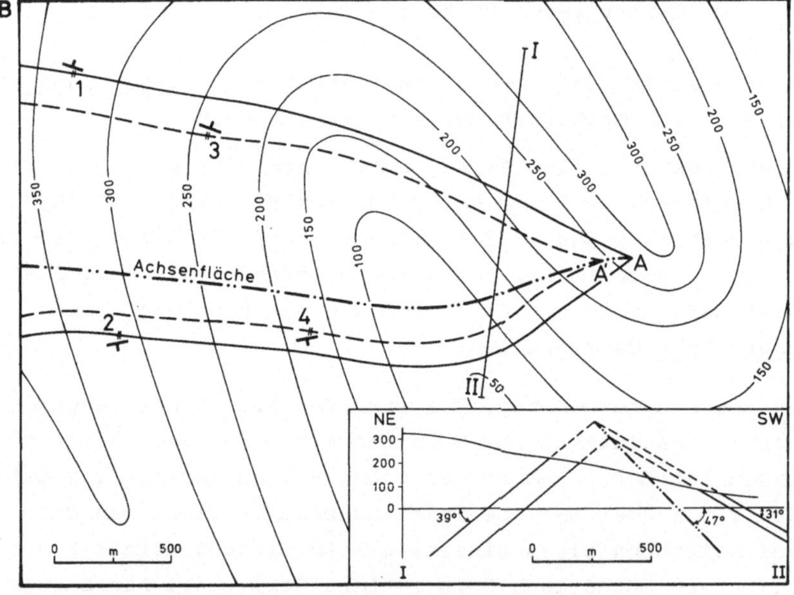

Abb. 52 Faltendarstellung in der Höhenlinienkarte (abtauchende vergente Falte); (A) Konstruktion, (B) Ausbiß von Sattel und Achsenfläche. Erl. siehe Kap. 7.5

und C auf den Schichtausbissen erhält man durch lineare
Interpolation). In B und C wird der jeweilige <u>scheinbare</u>
Einfallswinkel abgetragen, da das Profil nicht exakt senkrecht zum Streichen verläuft (siehe Kap. 4.2.3). Der Schnittpunkt D ist ein Punkt der Faltenachse mit der Höhenlage
275 m + h. Das Lot von D auf $\overline{BC}$ (Punkt E) ist seine Projektion auf das 275 m-Niveau. Damit ist das Streichen der
Faltenachse b_1 festgelegt (im Beispiel 97°). Klappt man
das senkrecht auf dem 275 m-Niveau stehende Dreieck AED
in die Horizontale (Dreieck AEF), so können Abtauchwinkel
und -richtung bestimmt werden (im Beispiel 10° nach SE).
Damit ergibt sich für die Richtung der Faltenachse b_1:
97/10 SE.

Analog konstruiert man die Faltenachse b_2 für die Liegendgrenze, die im Beispiel dieselben Daten wie b_1 hat. Sind
beide Lineare deckungsgleich (d.h. sieht man nur eine Linie),
so steht die Achsenfläche senkrecht. In Abb. 52A erkennt
man jedoch, daß die (als eben angenommene) Achsenfläche geneigt ist. Der Einfallswert wird durch ein Profil senkrecht
zum Achsenstreichen (Profil I-I') bestimmt. Danach fällt
die Achsenfläche mit 48° nach S ein. Da b_1 in der Achsenfläche liegt, muß diese durch A und D gehen. Trägt man in
D den Einfallswinkel ab, so schneidet die Achsenfläche das
275 m-Niveau im Profil $\overline{BC}$ in G. Definitionsgemäß ergibt
die Gerade $\overline{AG}$ das Streichen der Achsenfläche (im Beispiel
89°).

Den Ausbiß der Achsenfläche bestimmt man nach dem Schema von
Kap. 4.3, dabei kann man von der Höhenlage von Punkt A
(Hangendschicht) oder A' (Liegendschicht) ausgehen. Auf
alle Fälle müssen beide Punkte auf dem Ausbiß liegen. Die
Mächtigkeit der Faltenflanken wird durch das Querprofil
I-II (vgl. Abb. 52B) bestimmt (Nordflügel: m = 100 m;
Südflügel: m = 30 m). Selbstverständlich treten Mächtigkeits-
schwankungen normalerweise nicht so sprunghaft wie in dem
Profil auf. Jedoch kann die kontinuierliche Mächtigkeits-
änderung nur durch eine größere Anzahl von Schichtdaten erfaßt
werden.

8.   Die geologische Karte
<hr>

8.1   <u>Die topographischen Grundlagen der geologischen Karte</u>

Grundlage der geologischen Karte ist die <u>topographische Karte</u>,
die auch während der geologischen Geländearbeit (Kartierung)
zur Eintragung beobachteter und gemessener Daten benutzt
wird. Sie stellt die Ebene dar, in die das auf einen bestimmten Maßstab verkleinerte Bild der Erdoberfläche projiziert
wird. Während der <u>Riß</u> und das <u>Katasterblatt</u>, die im allgemeinen nur bei geologischen Spezialkartierungen als Unterlage
benutzt werden, jedes Detail maßstabsgerecht abbilden, geben
topographische Karten allgemeinster Art gewisse Einzelheiten
der Topographie (z.B. Straßen, Wege, Flüsse, Ortschaften)
unmaßstäblich vergrößert wieder.

Die Genauigkeit der Wiedergabe topographischer Formen richtet
sich nach dem <u>Maßstab</u> der Darstellung, der angibt, welcher
natürlichen Entfernung 1 cm der Karte entspricht. Die in
Deutschland gebräuchlichsten Karten sind:

1. <u>Deutsche Grundkarte 1:5000</u> (1 cm in der Karte = 50 m in
   der Natur, 1 km in der Natur = 20 cm in der Karte):

   Die Deutsche Grundkarte gibt die Eigentumsgrenzen, topo-
   graphisch bemerkenswerte Gegenstände (z.B. Gebäude), die
   Geländeform in Höhenlinien, die gebräuchlichsten Flur-
   namen, die Nutzungsart und die Nummern der amtlichen Lie-
   genschaftsplanblätter wieder.

2. <u>Meßtischblatt 1:25 000</u> (1 cm in der Karte = 250 m in der
   Natur, 1 km in der Natur = 4 cm in der Karte):

   Der Inhalt des Meßtischblattes deckt sich im wesentlichen
   mit dem Inhalt der Deutschen Grundkarte, jedoch fehlen die
   Eigentumsgrenzen. Straßen, Wege, Ortschaften und Flüsse
   werden maßstäblich übertrieben dargestellt. Für kleinere
   Gegenstände werden Signaturen verwendet. Die Geländeform
   wird durch Höhenschichtlinien wiedergegeben.

3. <u>Deutsche Karte 1:50 000</u> (1 cm in der Karte = 500 m in der
   Natur, 1 km in der Natur = 2 cm in der Karte):

   Die Deutsche Karte wird aus den Meßtischblättern abgeleitet.
   Die Geländemorphologie wird durch braune Höhenschichtlinien
   kenntlich gemacht.

4. <u>Karte des Deutschen Reiches 1:100 000</u> (1 cm in der Karte =
   1 km in der Natur):

   Die Karte des Deutschen Reiches (Einzentimeterkarte) gibt
   die topographischen Einzelheiten vereinfacht wieder und
   wird oft zu Übersichtszwecken verwendet (vgl. Umgebungs-
   karten größerer Städte, Kreiskarten, Wanderkarten). Die
   Geländemorphologie wird nicht durch Höhenlinien, sondern
   durch Schraffen kenntlich gemacht.

5. <u>Amtliches Kartenwerk Europa 1:250 000</u> (1 cm in der Karte =
   2,5 km in der Natur, 1 km in der Natur = 4 mm in der Karte):

   Dieses neue, nach einheitlichen Richtlinien und einheit-
   licher Planung von den verschiedenen Ländern Europas heraus-
   gegebene Kartenwerk (Bundesrepublik Deutschland: 28 Blätter) gibt das vollständige Verkehrsnetz, alle Ortschaften
   und die Geländeformen mit Höhenlinien und Schummerung wieder.

6. <u>Weltkarte 1:500 000</u> (1 cm in der Karte = 5 km in der Natur,
   1 km in der Natur = 2 mm in der Karte)

7. <u>Weltkarte 1:1 000 000</u> (1 cm in der Karte = 10 km in der
   Natur, 1 km in der Natur = 1 mm in der Karte)

Die meisten amtlichen topographischen Karten Deutschlands
sind <u>Gradabteilungskarten</u>, d.h. sie sind in ihrer Begrenzung
nach Längen- und Breitengraden definiert. So werden z.B. die
Meßtischblätter jeweils in der Ost-West-Erstreckung von Längengraden im Abstand von 10' und in der Nord-Süd-Erstreckung
von Breitengraden im Abstand von 6' begrenzt (Karte des
Deutschen Reiches 1:100 000: jeweils 30' Länge und 15' Breite). Die N-S-verlaufenden <u>Längengrade</u> (Meridiane) sind auf
den Meridian durch die Ortslage Greenwich als Nullmeridian
bezogen, während für die E-W-verlaufenden Breitengrade der
Äquator die Null- oder Bezugslinie ist. In der flächigen
Projektion der Erdkugel bilden zwei Längengrade gleicher
Entfernung beiderseits des Nullmeridians eine Ellipse, deren
kleiner Durchmesser der Äquator und deren großer Durchmesser
der Meridian von Greenwich ist. In dieser Projektion also
konvergieren die Längengrade jeweils in Richtung der Pole.

Um die Lage von Punkten in der topographischen Karte ver-
wechselungsfrei angeben zu können, werden sie auf ein ebenes
rechtwinkliges <u>Koordinatensystem</u> bezogen, das wiederum zu

Längen- und Breitengraden in Beziehung steht. Das heute gebräuchlichste Koordinatensystem ist das <u>GAUSS-KRÜGER-System</u>
(im englischen Sprachgebrauch: transversales Mercator-Koor-
dinatensystem). Hierbei werden die Meridiane 6°, 9°, 12°
(für Deutschland) als Hauptmeridiane auf den <u>Abszissenachsen</u>
und die Breitengrade auf den <u>Ordinatenachsen</u> markiert. Jedes Koordinatenbezugssystem hat nach beiden Seiten des Hauptmeridians eine Ausdehnung von zwei Längengraden (rd. 130 km),
so daß zwei benachbarte Systeme sich in einem Streifen von
1° überdecken. Jeder Meridianstreifen von je 2° Längenaus-
dehnung ost- und westwärts des Hauptmeridians bildet ein
ebenes rechtwinkliges Koordinatensystem, in dem zur Bestimmung von Punktlagen die Ordinatenwerte (Breitengradwerte)
als <u>Hochwerte</u> und die Abszissenwerte (Längengradwerte) als
<u>Rechtswerte</u> abgelesen werden. In allen amtlichen deutschen
Kartenwerten sind die Koordinatensysteme als Gitternetz eingetragen oder am Rande kenntlich gemacht.

Zur Vereinfachung der Eintragung und Ablesung von Punktlagen
dient der <u>Planzeiger</u>, der z.B. allen topographischen Meßtischblättern 1:25 000 aufgedruckt ist. Er bildet eine unter-
teilte Ordinate und Abszisse ab und wird zur Punktmarkierung
mit der waagerechten Teilung im Abstand des Rechtswertes von
der Bezugskoordinate so angelegt, daß über die vertikale
Teilung der Hochwert direkt eingetragen werden kann.

Sämtliche den Rechtswert angebenden Gitterlinien in einem
Meridianstreifen verlaufen parallel zu dem nach <u>geographisch-
Nord</u> weisenden Hauptmeridian. Die Gitterlinien selbst jedoch
zeigen nur ein <u>Gitter-Nord</u>. Um eine <u>topographische Karte mit
Hilfe des Kompasses einzuordnen</u>, d.h. so zu drehen, daß ihre
Nordrichtung mit der wahren Nordrichtung zusammenfällt, wird
der Kompaß an eine nordsüdliche Gitterlinie angelegt und in
dieser Position mit der Karte so weit gedreht, daß die Kom-
paßnadel den auf der Karte vermerkten <u>Nadelabweichungswert</u>
(Differenz zwischen Gitter-Nord und magnetisch-Nord) anzeigt.

In einer topographischen Karte sind die Angaben zur Geländemorphologie für geologische Zwecke von besonderer Bedeutung.
Bei Übersichtskarten werden zumeist nur einzelne Punkte in
ihrer Höhenlage relativ zu Normalnull (= Meeresspiegel)
kenntlich gemacht. In Karten größeren Maßstabs jedoch werden
durch <u>Höhenlinien</u> (Höhenschichtlinien) Punktlagen gleicher
Höhe miteinander verbunden. Auf dem topographischen Meßtischblatt beträgt ihr Abstand 20 m, in flachem Gelände auch 10 m
bzw. 5 m. Je steiler das Gelände ist, desto stärker rücken
die Höhenlinien zusammen.

8.2   Aufbau und Inhalt der geologischen Karte

Durch die Eintragung der Ausbisse geologischer Körper an der
Erdoberfläche wird aus einer topographischen Karte eine geologische Karte. Höhenlinienkarten finden dabei ebenso Verwendung wie topographische Übersichtskarten, in denen lediglich morphologisch markante Punkte in ihrer Höhenlage angegeben sind.

Die geologische Karte soll die geologische Situation eines
Gebietes möglichst umfassend wiedergeben und ist naturgemäß
in ihrer Detaildarstellung von dem Maßstab der jeweils zugrunde gelegten topographischen Karte abhängig. Die geologischen Elemente, die zumeist nach stratigraphischen und petrographischen Gesichtspunkten gegliedert sind, werden durch
Signaturen (Farbsignaturen oder graphische Symbole) kenntlich gemacht. Streich- und Einfallzeichen (vgl. Symbol-Tabelle Kap.10.1) geben Aufschluß über die Lagerung. Aus der
Lage von Schicht- und Begrenzungsflächen zu den Höhenlinien
der topographischen Unterlage lassen sich wesentliche Rückschlüsse auf die Lagerungsverhältnisse ziehen (vgl. Kap. 4).

Die international gebräuchlichen Hauptfarben zur Bezeichnung
des Schichtalters bzw. der petrographischen Zuordnung sind
(n. Lehrbuch der Angewandten Geologie, Band 1: 92 f.):

       Holozän: blaßgrün
       Pleistozän: graugelb/blaßgelb
       Tertiär: dunkelgraugelb/hellgelb
       Kreide: gelbgrün
       Jura: blau
       Trias: violett
       Perm: rehbraun/graubraun
       Karbon: dunkelgrau
       Devon: gelbbraun
       Silur/Ordovizium: blaugrün
       Kambrium: graugrün
       Algonkium: blaßgrün
       Archaikum: rosa
       Junge Magmatite: hellrot
       Alte Magmatite: dunkelrot
       Kontaktgesteine: farbige Schraffur

Für die amtlichen deutschen geologischen Karten werden heute
Farbabstufungen nach der OSTWALD'schen Farbennorm (vgl. Lite-
raturzitat S. 81) verwendet. Bei geologischen Spezialkarten,
die eine detailliertere Untergliederung der Gesteinsfolgen
erfordern, ist oft eine abweichende Farbgebung gebräuchlich,
die eine deutlichere Unterscheidung gewährleistet. Neben Buch-
staben- und Zahlensymbolen, die die stratigraphische Zuordnung
einer farblich markierten Schicht angeben (z.B. doI = Stufe I
des Oberdevons, mu = unterer Muschelkalk, jw = Weißjura oder
Malm; vgl. Erdgeschichtliche Tabelle, Kap. 10.2) und zumeist
in der Zeichenerklärung der Karte erläutert sind, werden Buch-
stabensymbole auch zur Kennzeichnung der Gesteinszusammen-
setzung oder des Gesteinsgefüges verwendet.

Wie aus der Symbol-Tabelle zu ersehen ist, werden in geologischen Karten (und analog in geologischen Profilen) Zeichen
dazu verwendet, um z.B. Lagerungsverhältnisse, Störungen,
Fossilfunde, Mineralisationen, Quellaustritte, Bohrloch- und
Schachtpositionen kenntlich zu machen.

Da eine geologische Karte und die meistens beigefügten geologischen Profile der Veranschaulichung der geologischen Situation dienen sollen, wird es in vielen Fällen erforderlich sein,
auf gewisse Eintragungen im Interesse der Übersichtlichkeit
zu verzichten. Immer mehr wird es daher gebräuchlich, geologische Karten durch Sonderkarten gleichen Maßstabs zu er-
gänzen, die besonderen Belangen, z.B. der Bodenkunde, Lager-

stättenkunde, Ingenieurgeologie, Hydrogeologie, Tektonik etc.
dienen.

In einem erläuternden Beiheft zur geologischen Karte werden
Beobachtungen mitgeteilt, die in der Karte selbst nicht oder
nur unzureichend wiedergegeben werden können. Diese Erläute-
rungen, die u.a. Informationen über die Geomorphologie des
Kartenbereiches, Grundzüge des Klimas, Petrographie und
Fauneninhalt der Schichtenfolge, tektonische Strukturen,
auftretende nutzbare Lagerstätten, Profile wichtiger Bohrungen
etc. enthalten, dienen in erster Linie dazu, die geologische
Situation des dargestellten Gebietes auch fachlich weniger
geschulten Benutzern vorzustellen und eine Auswertung für
praktische Zwecke zu ermöglichen, nicht aber, um wissenschaft-
liche Spezialfragen zu erörtern.

In nahezu allen Ländern der Erde werden <u>amtliche geologische
Kartenwerke</u> durch die geologischen Landesdienste (z.B. in der
Bundesrepublik Deutschland durch die Geologischen Landesämter)
herausgegeben, die auf den offiziellen topographischen Karten-
serien basieren und das Ergebnis einer systematischen geowissenschaftlichen Kartierung des Landesgebietes darstellen. -
<u>Geologische Übersichtskarten</u> dienen dazu, großräumige Zusammen-
hänge geologischer oder regionaler Einheiten zu veranschaulichen.
Sie basieren ebenfalls auf stratigraphischen und petrographischen Untergliederungen der Gesteinsfolgen, können aber zwangs-
läufig aufgrund der kleinmaßstäblichen Wiedergabe nur die
wesentlichsten Grundzüge abbilden. Durch internationale Zu-
sammenarbeit ist die Veröffentlichung von Übersichtskarten-
Serien möglich geworden, wie z.B. der Internationalen Geologischen Karte von Europa im Maßstab 1:1 500 000 oder der
Internationalen Geologischen Karten der Kontinente im Maßstab 1:5 000 000. - Als Übersichtskarten haben sich vor
allem <u>tektonische Karten</u> bewährt. Sie basieren auf einer
Untergliederung der Gesteinsfolgen nach der Zeitlichkeit
ihrer tektonischen Prägung und geben i.a. nur geostrukturelle
Großeinheiten sowie markante tektonische Mobilitätszonen wieder. -

In zunehmendem Maße werden geowissenschaftliche Karten mit
speziellen Sachinhalten erstellt, die zumeist von geologischen
oder tektonischen Karten ausgehen und mit Hilfe speziell
entwickelter Signaturen Informationen über z.B. bodenkund-
liche, ingenieurgeologische, lagerstättenkundliche oder hydrogeologische Daten geben. - Darüber hinaus existiert eine
Vielzahl von speziellen Kartendarstellungen, die zumeist
großmaßstäblich Sonderprobleme behandeln (Flözkarten, Deck-
gebirgskarten, Grundwasserkarten etc.). Eine Zusammenstellung
der wichtigsten geologischen Karten (einschließlich Spezialkarten) ist im Anhang aufgeführt (vgl. Kap. 10.3).

8.3 Beispiel einer geologischen Karte

Abb. 53 zeigt als Beispiel einer geologischen Karte einen
Ausschnitt aus dem Meßtischblatt Alme (Nr. 4517) im nord-
östlichen Rheinischen Schiefergebirge (Sauerland). Überwiegend wird das Gebiet von Ablagerungen des Karbons (Dinant
und Namur) aufgebaut, die als marine Sedimente in einem Teil-
bereich (Rheinischer Trog) der variszischen Geosynklinale
abgelagert wurden. Das Unterkarbon (Dinant) ist in Kulmfazies
ausgebildet, d.h. es herrschen sandige Ablagerungen (Tonschiefer und Grauwackenschiefer) vor. Das Namur (unteres
Oberkarbon) besteht ebenfalls aus sandigen Sedimenten (Grau-
wacken und Grauwackenschiefer mit Grauwackenbänken). Nach
der variszischen Gebirgsbildung (Orogenese), die mit einer
Heraushebung verbunden war, setzt die Sedimentation für
längere Zeit aus. Erst in der Oberkreide wurden erneut marine Sedimente abgelagert. Im Nordteil des Gebietes wird das
gefaltete Paläozoikum von $\pm$ horizontal liegendem Cenoman
(glaukonitische Sande und blaugraue Kalke) diskordant überlagert, das heute in überwiegend isolierten Erosionsresten
auftritt.

Quartärsedimente, die als Flußschotter, Talbodenfüllungen
oder Gehängelehm auftreten, wurden aus Übersichtsgründen
nur ungegliedert ausgeschieden.

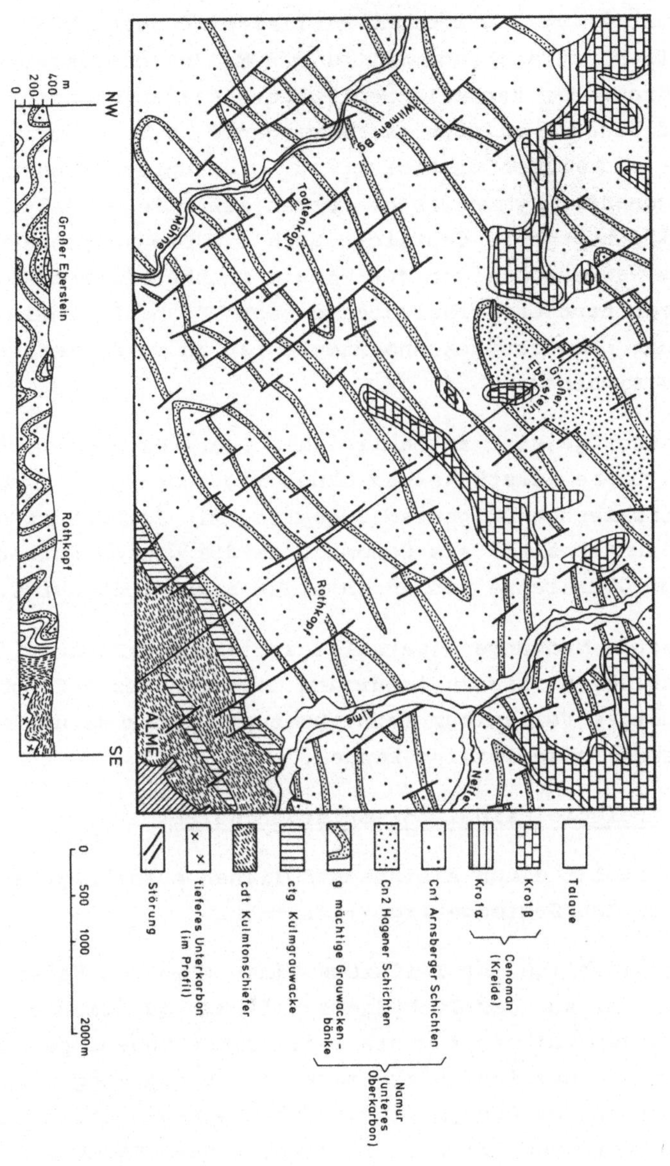

Abb. 53   Beispiel einer geologischen Karte (Ausschnitt aus dem Meßtischblatt Alme Nr. 4517; Oberkreide-Transgression auf gefaltetem Karbon)

Der Baustil (vgl. Karte und Profil) wird durch NE-SW (erz-
gebirgisch) streichende Sättel und Mulden charakterisiert,
die während der variszischen Faltungsära entstanden. Überwiegend handelt es sich um NW-vergente, z.T. überkippte
Sattel- und Muldenstrukturen; nur ganz untergeordnet treten angenähert symmetrische Formen auf. Dieser Faltungsstil wird besonders deutlich durch die Grauwackenbänke in
den Grauwackenschiefern des Namurs nachgezeichnet. Die Faltenachsen tauchen vorherrschend nach NE ab. Das umlaufende
Streichen der Grauwackenhorizonte ist an verschiedenen
Stellen sichtbar.

Die Faltenzüge sind an zahlreichen Querstörungen versetzt
worden. Diese Zerstückelung hängt möglicherweise noch mit
der variszischen Orogenese zusammen. Mit Sicherheit sind
die Störungen älter als Cenoman, da die diskordant auf-
lagernde Oberkreide von ihnen nicht beeinflußt wurde.

Streichende Störungen (parallel zur Streichrichtung der
Schichtflächen) treten in diesem Gebiet nicht auf, obwohl
sie sonst im Variszikum (z.B. Oberharzer Diabaszug) eine
bedeutende Rolle spielen können.

8.4 Beispiel einer tektonischen Karte

Abb. 54 stellt einen kleinmaßstäblichen Ausschnitt aus dem
südwestlichen Zagrosgebirge (Iran) dar.

Das Zagrosgebirge ist Teilstück eines riesigen Faltengebirgs-
gürtels, der aus der Tethysgeosynklinale (Sedimentationstrog,
der sich vom Paläozoikum bis Tertiär von Südeuropa und Nord-
afrika bis Hinterindien erstreckte) hervorgegangen ist. Die
Ablagerungen der Geosynklinalsedimente begannen im Zagrosgebirge im Perm und reichten in einer ersten Phase bis in die
Oberkreide. Ältere Gesteine als Perm sind zwar vereinzelt
bekannt (Kambrium bis Karbon), jedoch fehlen frühere Fal-
tungsphasen (kaledonisch und/oder variszisch), wie sie z.B.
im Tethysrahmen von Europa oder Nordindien auftreten.

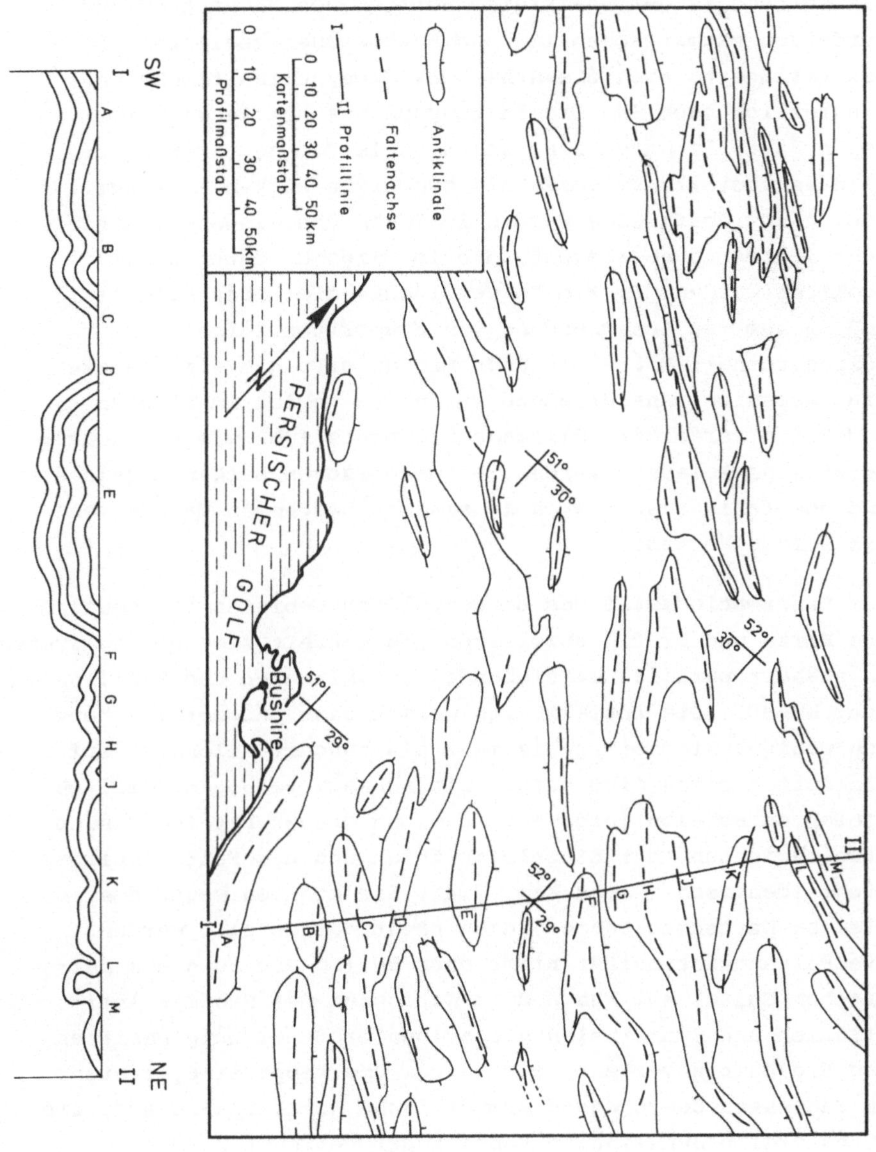

Abb. 54   Beispiel einer tektonischen Karte (Ausschnitt aus dem südwestlichen Zagrosgebirge/ Iran)

Die Faltung in der Oberkreide verlief von NE nach SW und
wurde von magmatischen In- und Extrusionen begleitet. Dabei verlagerte sich die Achse des Geosynklinaltroges kontinuierlich nach SW. Die Faltungsunruhe setzte sich im
Eozän fort. So waren z.B. schon viele der heutigen Anit-
klinalen bereits im Eozän als submarine Rücken angelegt.
Analog zur Oberkreide wurden im Eozän überwiegend klasti-
sche Sedimente abgelagert, die im Oligozän durch Kalke
abgelöst wurden. Im Miozän verflachte die Geosynklinale
und es kam zur Ausscheidung von Evaporiten (Gips- und
Salzgesteine). Mitte bis Ende Miozän erfolgte eine letzte
Transgression. Anschließend wurde das Gebiet im Pliozän
endgültig verfaltet. Pliozäne Sedimente (überwiegend konglo-
meratische Molasse) wurden in tektonischen Becken abgelagert
und ebenfalls - wenn auch in einem schwächeren Maße - von
der Faltung erfaßt.

Der Deformationsstil des dargestellten Gebietes ist deutlich
aus Karte und Profil abzuleiten. Es handelt sich um ein System
angenähert parallel streichender Antiklinalen und Synklinalen
(ca. NW-SE). Die Antiklinalen weisen eine Längserstreckung
von wenigen Kilometern bis mehr als hundert Kilometer auf.
Die Faltenachsen sind gerade bis schwach verbogen. Örtlich
treten en echelon folds auf, d.h. in diesen Bereichen sind
Streichrichtung der Einzelstrukturen und des Faltengebirges
nicht identisch (siehe Kap. 7.4). Sie konnten wegen des
kleinen Kartenmaßstabes jedoch nicht dargestellt werden.
Die Faltungsintensität nimmt nach SW (in Richtung des Per-
sischen Golfs) ab. Während im Nordosten des Profils Antiklinalen und Synklinalen die selben Größenordnung besitzen
und die Falten vergent, z.T. sogar überkippt sind, treten
im Südwesten überwiegend symmetrische Antiklinalen auf, die
durch breite Synklinalen voneinander getrennt werden.

ASHGIREI, G.D.: Strukturgeologie. - Berlin (Deutscher Verlag der Wissenschaften) 1963

BADGLEY, P.C.: Structural and Tectonic Principles. - New York etc. (Harper & Row) 1965

BELOUSSOV, V.V.: Basic Problems in Geotectonics. - New York etc. (McGraw-Hill) 1962

BENTZ, A. (Hrsg.): Lehrbuch der Angewandten Geologie. 1. Band: Allgemeine Methoden. - Stuttgart (Enke) 1961

BILLINGS, M.P.: Structural Geology. - Englewood Cliffs (Prentice-Hall) 1954 (2. Aufl.)

CLOOS, H.: Einführung in die Geologie. - Berlin (Borntraeger) 1936

DE SITTER, L.U.: Structural Geology. - New York etc. (McGraw-Hill) 1956

GWINNER, M.: Geometrische Grundlagen der Geologie. - Stuttgart (Schweizerbarth) 1965

HILLS, E.S.: Elements of Structural Geology. - London (Methuen) 1963

LAHEE, F.H.: Field Geology. - New York etc. (McGraw-Hill) 1952 (5. Aufl.)

METZ, K.: Lehrbuch der tektonischen Geologie. - Stuttgart (Enke) 1957

MURAWSKI, H. (Hrsg.): Deutsches Handwörterbuch der Tektonik. - Hannover (Bundesanstalt für Bodenforschung) ab 1968

RAMSAY, J.: Folding and Fracturing of Rocks. - New York (McGraw-Hill) 1967

SANDER, B.: Einführung in die Gefügekunde der Geologischen Körper. - Wien (Springer); Bd. 1 1948, Bd. 2 1950

STILLE, H.: Grundfragen der vergleichenden Tektonik. - Berlin (Borntraeger) 1924

TURNER, F.J. & WEISS, L.E.: Structural Analysis of Metamorphic Tectonites. - New York etc. (McGraw-Hill) 1963

WHITTEN, E.H.T.: Structural Geology of Folded Rocks. - Chicago (Rand McNally) 1966

10.1   Symbole

10.1.1   Allgemeine geologische Symbole:

⑥	tierische Fossilien (marin)	Ω	Stollenmundloch
🐚	tierische Fossilien (nichtmarin)	⊕	Tiefbohrung
✚	pflanzliche Fossilien	◯	Flachbohrung (Brunnen)
⊙	Quelle	☐	Schacht
🕳	Pinge, Erdfall	⫽	Schurf, Graben usw.
✖	Grube in Betrieb	✕	Geschiebe
✖	stillgelegte Grube	△	Trigonometrischer Punkt

10.1.2   Petrographische Symbole:

▦	Sandstein	+ + + + +	saure Intrusiva (z.B. Granit)
▦	Tonstein	× × × × ×	saure Extrusiva (z.B. Rhyolith)
▤	Schiefer	∨ ∨ ∨ ∨ ∨	basische Intrusiva (z.B. Gabbro)
▦	Grauwacke	∧ ∧ ∧ ∧ ∧	basische Extrusiva (z.B. Diabas)
▦	Kalkstein (gebankt)	Y Y Y Y	Tuff
▦	Kalkstein (massig)	⧄	Basement
▱	Dolomit	∿ ∿ ∿	Kristalline Schiefer
▦	Mergel	⊢ M ⊣	Marmor (Kalksignatur mit "M" für metamorph)
▦	Gips, Anhydrit	▦ M	Quarzit (Sandsteinsignatur mit "M" für metamorph)
▦	Steinsalz	▽ ▽ ▽	Schutt

1) Lagerungsverhältnisse:

geschichtet

ungeschichtet

Rippelmarken

Kreuzschichtung

Diskordanz

3) Falten:

Sattel

Mulde

Sattel bzw. Sattellinie

Sattel bzw. Sattellinie
(vermutet)

Mulde bzw. Muldenlinie

Mulde bzw. Muldenlinie
(vermutet)

horizontale Faltenachse

Faltenachse, in Pfeil-
richtung abtauchend

Faltenachse (vertikal)

Achsendepression
(Achsenmulde)

Achsenkulmination
(Achsensattel)

Konstruierte Achse aus
gleichwertigen Elementen

Konstruierte Achse aus un-
gleichwertigen Elementen

2) Streich- und Fallzeichen:

Schichtfläche (allgemein)

horizontale Schicht

saigere Schicht

überkippte (inverse) Schicht

Kluft

Schieferung (allgemein)

horizontale Schieferung

saigere Schieferung

Spalte

4) Störungen:

Störung (allgemein)

Störung (vermutet)

Aufschiebung

Aufschiebung (vermutet)

Abschiebung

Abschiebung (vermutet)

Blattverschiebung

Blattverschiebung (vermutet)

Rutschstreifen mit bekannter
Bewegungsrichtung

Rutschstreifen mit unbekann-
ter Bewegungsrichtung

Ruschelzone

10.2   Erdgeschichtliche Tabelle

Ära	Formation / Alter in 10^6 Jahren	Alter	Abteilung	Stufe		Faltungsphase	Faltungsära
KÄNOZOIKUM	Quartär (q) (1.5-2)		Holozän (a) (Alluvium)				
			Pleistozän (d) (Diluvium)	Jungpleistozän Mittelpleistozän Altpleistozän			
		1.5-2				~~ pasadenisch	
	Tertiär (b) (ca. 64)		Jungtertiär (ng) (Neogen)	Pliozän		~~ rhodanisch/ wallachisch	
						~~ attisch	
				Miozän		~~ steirisch	
						~~ savisch	
			Alttertiär (pg) (Paläogen)	Oligozän Eozän Paleozän		~~ pyrenäisch	
		ca. 65				~~ laramisch	
MESOZOIKUM	Kreide (kr) (ca. 71)		Oberkreide (kro)	Dan Maastricht Campan	Senon	~~ subherzyn	alpidisch
				Santon Coniac	Emscher		
				Turon Cenoman		~~ vorgosauisch	
						~~ austrisch	
			Unterkreide (kru)	Alb Apt	Gault		
				Barrême			
				Hauterive	Neokom		
		136		Valendis			
	Jura (j) (ca. 54)		Malm (jw) (Oberer bzw. Weißer Jura)	Purbeck Wealden Portland Kimmeridge Oxford		~~ jungkimmerisch	
			Dogger (jb) (Mittlerer bzw. Brauner Jura)	Callov Bath Bajoc			
			Lias (js) (Unterer bzw. Schwarzer Jura)	Toarc Pliensbach Sinemur Hettang			
		190-193					
	Trias (t) (ca. 35)		Keuper (k)	Oberer Keuper	Rät	~~ altkimmerisch	variszisch
				Mittlerer Keuper	Nor Karn		
				Unterer Keuper	Ladin	~~ labinisch	
			Muschelkalk (m)	Ob. Muschelkalk Mit. Muschelkalk			
				Unt. Muschelkalk	Anis		
			Buntsandstein (s)	Ob. Buntsandstein Mit. Buntsandstein	Skyth		
		225		Unt. Buntsandstein		~~ pfälzisch	

Ära	Formation	Alter	Abteilung	Stufe		Faltungsphase	Faltungsära
PALÄOZOIKUM	Perm (p) (55)		Oberes Perm (z) (Zechstein)	Tatar	Z4 Aller-Serie / Z3 Leine-S.		variszisch
				Kasan	Z2 Staßfurt-S. / Z1 Werra-S.		
		280	Unteres Perm (r) (Rotliegendes)	Kungur, Artinsk, Sakmara		∿ saalisch / ∿ esterelisch	
	Karbon (c) (65)		Oberkarbon (co) (Siles, in USA Pennsylvanian)	Stephan, Westfal, Namur		∿ asturisch / ∿ sudetisch	
		345	Unterkarbon (cu) (Dinant, in USA Mississippian)	Visé, Tournai		∿ bretonisch	
	Devon (d) (50)		Oberdevon (do)	Dasberg V+VI, Hemberg III+IV, Nehden II, Adorf I	Famenne, Frasne		kaledonisch
			Mitteldevon (dm)	Givet, Eifel	Couvin		
		395	Unterdevon (du)	Ems, Siegen, Gedinne		∿ jungkaledonisch	
	Silur (s) (ca. 40)	430–440		Ludlow, Wenlock, Llandovery		∿ takonisch	
	Ordovizium (o) (ca. 65)	ca. 500		Ashgill, Caradoc, Llandeilo, Arenig, Tremadoc		∿ sardisch	
	Kambrium (cb) (70)	570	Oberkambrium, Mittelkambrium, Unterkambrium			∿ assyntisch	
PRÄKAMBRIUM	Proterozoikum (Algonkium bzw. Jungpräkambrium)	1000	Präkambrium IV = Präkambrium A			**Faltungsära**	
		2000	Präkambrium III = Präkambrium B			sinisch 800–1000	
						labradorisch 1300–1500	
						gotidisch 1500–1800	
						svekofennidisch 1800–2000	
	Archaikum (Altpräkambrium)	3000	Präkambrium II = Präkambrium C			mesoafrizidisch 2000–2300	
						algomisch 2500–2800	
						laurentisch 2800–3000	
		älter 3000	Präkambrium I = Präkambrium D			paläoafrizidisch 3000–3250	

10.3   <u>Geologische Karten und Spezialkarten</u>
        <u>(exemplarische Beispiele)</u>

1) <u>Amtliche Geologische Kartenwerke</u>

        Geologische Übersichtskarte von Deutschland 1:200 000
        Geologische Karte von Deutschland 1:25 000
        Geologische Atlasblätter der Schweiz 1:25 000
        Geologisches Kartenwerk Österreichs 1:75 000
        Geologisches Kartenwerk von Italien 1:100 000
            (bisher 225 Blätter)
        Geologische Karte von Spanien 1:50 000 (bisher 181 Blätter)
        Geologische Karte von Frankreich 1:320 000 (21 Blätter)
        Geologische Karte von Frankreich 1:80 000
            (bisher 156 Blätter)
        Geologische Karte von Frankreich 1:50 000
            (bisher ca. 115 Blätter)
        Geologische Karte von Belgien 1:25 000
        Geologische Karte von Luxemburg 1:25 000
        Geologische Karte der Niederlande 1:50 000 (232 Teilblätter)
        Geologische Karte von England, Wales und Schott-
            land 1:253 440
        Geologische Karte von England und Wales 1:63 360
        Geologische Karte der Tschechoslowakei 1:200 000
            (33 Blätter)
        Geologisches Kartenwerk der UdSSR 1:2 500 000
            (18 Blätter)
        Geologisches Kartenwerk der USA (Geologic Quadrangle Maps)
        Geologisches Kartenwerk Australiens und New Zealands
            1:250 000
        Geologische Karte von Japan 1:500 000 (17 Blätter)
        Geologisches Kartenwerk der Republik Südafrika 1:125 000
        Geologische Karte von Mexico 1:100 000 (bisher 9 Blätter)

2) <u>Geologische Übersichtskarten</u>

        Geologische Übersichtskarte von Deutschland 1:1 000 000
            (Blatt Nr. 2011 des Atlas "Die BRD in Karten")
        International Geological Map of Europe and the Mediter-
            ranean Region 1:5 000 000 (1971)
        International Geological Map of Africa 1:5 000 000 (1963)
        Carte Géologique de l'Amérique du Sud 1:5 000 000 (1964)
        Geologiceskaja Karta SSSR 1:10 000 000 (1960)
        Carte Géologique de la France 1:1 000 000 (1968)
        Geological Map of the British Isles 1:1 584 000 (1969)
        Geological Map of the USA 1:2 500 000 (1960)
        Geological Map of Australia and New Guinea 1:6 336 000
            (1952)
        Geologiceskaja Karta Mira (Geologische Weltkarte):
            1:15 000 000 (1968)
        Geologischer Atlas der CSSR 1:1 000 000
        Geologischer Atlas von Polen 1:1 000 000
        Atlas zur Geologie (MEYERs Großer Physikalischer
            Weltatlas: 2)

3) <u>Tektonische Übersichtskarten</u>

    Tektonische Karte von Europa 1:2 500 000 (16 Blätter)
    Tektonitscheskaja Karta Ewrasii 1:5 000 000 (1966)
    International Tectonic Map of Africa 1:5 000 000 (1968/69)
    Tectonic Map of Australia 1:2 534 000 (1962)
    Tectonic Map of the USA 1:2 500 000 (1969)
    Tectonic Map of Canada 1:5 000 000 (1969)
    Tectonic Map of South America 1:5 000 000
    Tectonic Map of India 1:2 000 000 (1963)

4) <u>Bodenkundliche Karten</u>

    Bodenkundliche Übersichtskarte von Bayern 1:500 000 (1955)
    Bodenkundliche Übersichtskarte von Hessen 1:300 000 (1951)
    Bodenübersichtskarte von Nordrhein-Westfalen
       1:300 000 (1958)
    Bodenkarte von Deutschland 1:25 000 (bisher rd. 70 Blätter)
    Bodenkarte von Europa 1:2 500 000 (6 Blätter)
    Carta dei Suoli d'Italia 1:1 000 000 (1966)
    Mapa de Suelos de Espana 1:1 000 000 (1968)
    Carta dos Solos de Portugal 1:50 000 (1968)
    Carte des Sols de la Belgique 1:20 000
       (geplant 458 Blätter)
    Bodenkartenwerk der Niederlande 1:50 000
       (geplant rd. 100 Blätter)
    Bodenkarte von Polen 1:700 000 (1959)
    Atlas of Australian Soils 1:2 000 000 (geplant 10 Blätter)
    Soil Map of Africa 1:5 000 000 (7 Blätter)

5) <u>Lagerstättenkarten und minerogenetische Karten</u>

    Carte International des Gisements de Fer de l'Europe
       1:2 500 000 (1971)
    Carte International des Dépôts Houillers en Europe
       1:2 500 000 (16 Blätter)
    Carte Metallogénique de l'Europe 1:2 500 000
    Carte Metallogénique de la Grèce 1:1 000 000
    Cartes des gisements de fer de la France
       1:320 000 (21 Blätter)
    Cartes de gîtes mineraux de la France
       1:320 000 (21 Blätter)
    Cartes des gîtes mineraux du Maroc 1:500 000 (6 Blätter)
    Mineral Investigations Resources Map Series of the USA
       (seit 1955)
    Coal fields in the USA 1:5 000 000
    Metallogenetic Map Series of Canada 1:7 603 000
    Mineral Map of South Rhodesia 1:2 000 000 (1962)
    Mineral Provinces of Japan 1:2 000 000 (1957)
    Metallogenetic-Minerogenetic Map of India 1:2 000 000
       (1963)

6) <u>Hydrogeologische Karten</u>

Hydrogeologische Übersichtskarte von Deutschland
   1:500 000 (14 Blätter)
International Hydrogeological Map of Europe
   1:1 500 000
Cartes Hydrologiques de la France 1:50 000
Reconocimiento hidrogeológico de la Penininsular,
   Baleares y Canarias 1:1 000 000 (1971)
Carte Hydrologique de Belgique 1:500 000 (2 Blätter)
Hydrogeologischer Atlas von Ungarn (1962)

Bisher erschienen:

Clausthaler Tektonische Hefte

Heft Nr. **1**, 4. Auflage, 1965; Adler, R., Fenchel, W., Hannak, W., Pilger, A., mit einem Beitrag von K.-P. Hoyer: **Einige Grundlagen der Tektonik I**, 64 S., 39 Abb., 2 Tab., brosch. **Vergriffen, völlige Neubearbeitung des Stoffes in Heft Nr. 12**

Heft Nr. **2**, 3. Auflage, 1965; Adler, R., Fenchel, W., Pilger, A.: **Statistische Methoden in der Tektonik I. — Die gebräuchlichsten Darstellungsarten ohne Verwendung der Lagenkugelprojektion.** 97 S., 51 Abb., 9 Tab., brosch. fPr: DM 9,80

Heft Nr. **3**, 3. Auflage, 1967; Adler, R., Fenchel, W., Martini, H.-J., Pilger, A.: **Einige Grundlagen der Tektonik II. Die tektonischen Trennflächen.** 94 S., 67 Abb., 1 Tab., brosch. fPr: DM 7,90

Heft Nr. **4**, 3. Auflage, 1969; Adler, R., Fenchel, W., Pilger, A.: **Statistische Methoden in der Tektonik II. Das Schmidtsche Netz und seine Anwendung im Bereich des makroskopischen Gefüges.** 111 S., 79 Abb., brosch. fPr: DM 10,30

Heft Nr. **5**, 1964; Karl, F.: **Anwendung der Gefügekunde in der Petrotektonik, Teil I Grundbegriffe.** 142 S., 73 Abb., brosch. fPr: DM 16,20

Heft Nr. **6**, 1967; Kronberg, P.: **Photogeologie.** Eine Einführung in die geologische Luftbildauswertung. 235 S., 126 Abb., davon 46 Luftbilder und 28 Luftbildstereogramme, brosch. fPr: DM 23,—

Heft Nr. **7**, 1968; Bottke, H.: **Schürfbohren.** Teil 1: **Die Durchführung von Kernbohrungen.** 140 S., 46 Abb., 60 Tab., 4 Taf., brosch. fPr: DM 21,50

Heft Nr. **8**, 1968; Adler, R. E., Krückeberg, F., Pfisterer, W., Pilger, A., Schmidt, M. W.: **Elektronische Datenverarbeitung in der Tektonik.** 157 S., 23 Taf., 39 Abb., 24 Tab., brosch. fPr: DM 22,50

Heft Nr. **9**, 1969; Fuchs, W., Günther, R., Krausse, H.-F., Meyer, W., Mohr, K., Pertold, Z., Pilger, A.: **Lineamenttektonik und Magmatismus im Westharz.** 260 S., 6 Tab., 32 Abb., 16 Bilder, brosch. fPr: DM 28,—

Heft Nr. **10**, 1970; 28 Titel, 27 Autoren, **Computer-Einsatz in der Geologie.** 400 S., 126 Abb., 13 Tab., brosch. fPr: DM 54,—

Heft Nr. **11**, 1971; Geyh, Mebus, A.: **Die Anwendung der ^{14}C-Methode.** Die Entnahme, Auswahl und Behandlung von ^{14}C-Proben sowie Auswertung und Verwendung von ^{14}C-Ergebnissen, 118 S., 12 Abb., brosch. fPr: DM 14,50

Heft Nr. **12**, 1972; Flick, H., Quade, H., Stache, G.-A., mit Beiträgen von F. W. Wellmer: **Einführung in die tektonischen Arbeitsmethoden. — Schichtenlagerung und bruchlose Verformung — 96 S., 54 Abb., 2 Tab., brosch. fPr: DM 10,50

Clausthaler Geologische Abhandlungen

Heft Nr. **1,** 1965; Adler, R. E., Krausse, H.-F., Lautsch, H., Pilger, A.: **Beiträge zur Tektonik des nördlichen Ruhrkarbons.** 167 S., 62 Abb., 1 Tab., brosch. fPr: DM 10,—

Heft Nr. **2,** 1965; Krausse, H.-F.: **Gefügeachsen im westlichen Teil des Vestischen Hauptsattels (nördliches Ruhrgebiet) und ihre Beziehung zu den übrigen tektonischen Elementen.** 114 S., 191 Abb., 7 Tab., 2 Taf., brosch. fPr: DM 10,—

Heft Nr. **3,** 1970; Wellmer, F.-W.: **Verwendung piezoelektrischer Messungen an quarzhaltigen Gesteinen in der Gefügekunde.** 190 S., 60 Abb., 63 Tab., brosch. fPr: DM 15,—

Heft Nr. **4,** 1970; Schade, H.: **Der Kulm in dem nordöstlich der Lahn gelegenen Teil der Dillmulde.** 178 S., 33 Abb., 2 Taf., 29 Tab., brosch. fPr: DM 15,—

Heft Nr. **5,** 1970; Pilger, A., Weissenbach, N.: **Stand und Aussichten der Forschung über Stratigraphie, Tektonik und Metamorphose in der Saualpe in Kärnten.** 39 S., 16 Abb., brosch. fPr: DM 15,—

Heft Nr. **6,** 1970; Behain, C.: **Die Tektonik des Tschogart-Eisenerz-Massivs und seiner Umgebung bei Bafq im zentralen Iran.** 51 S., 21 Abb., 6 Fig., 4 Tab., brosch. fPr.: DM 15,—

Heft Nr. **7,** 1971; Ahmadzadeh Heravi, M.: **Stratigraphische und paläontologische Untersuchungen im Unterkarbon des zentralen Elburs (Iran).** 114 S., 5 Abb., 4 Taf., 4 Tab., brosch. fPr: DM 15,—

Heft Nr. **8,** 1971; Pilger, A.: **Die zeitlich-tektonische Entwicklung der iranischen Gebirge.** 27 S., 4 Abb., 5 Taf., brosch. fPr: DM 15,—

Heft Nr. **9,** 1971; Weissenbach, N.: **Geologie und Petrographie der eklogitführenden hochkristallinen Serien im zentralen Teil der Saualpe, Kärnten.** In Vorbereitung.

Heft Nr. **10,** 1971; Podufal, P.: **Zur Geologie und Lagerstättenkunde der Manganvorkommen bei Drama (Griechisch-Mazedonien).** 82 S., 45 Abb., 6 Taf., brosch. fPr: DM 15,—

Heft Nr. **11,** 1971; Klarr, K.: **Der geologische Bau des südöstlichen Teiles vom Aldudes-Quinto Real-Massiv (spanische Westpyrenäen).** 148 S., 42 Abb., 1 Tab., 16 Beil., brosch. fPr: DM 15,—